简明羊病

诊断与防治
原色图谱

马玉忠 主 编

U0301379

第二版

化学工业出版社
·北京·

图书在版编目（CIP）数据

简明羊病诊断与防治原色图谱/马玉忠主编. —2版.
—北京：化学工业出版社，2019.3（2022.1重印）
ISBN 978-7-122-33860-0

Ⅰ.①简…　Ⅱ.①马…　Ⅲ.①羊病-诊疗-图谱
Ⅳ.①S858.28-64

中国版本图书馆CIP数据核字（2019）第025539号

责任编辑：邵桂林　　　　　　　　　装帧设计：史利平
责任校对：张雨彤

出版发行：化学工业出版社（北京市东城区青年湖南街13号　邮政编码100011）
印　　装：北京宝隆世纪印刷有限公司
850mm×1168mm　1/32　印张6¾　字数173千字
2022年1月北京第2版第2次印刷

购书咨询：010-64518888
售后服务：010-64518899
网　　址：http://www.cip.com.cn
凡购买本书，如有缺损质量问题，本社销售中心负责调换。

定　　价：55.00元　　　　　　　　　版权所有　违者必究

编写人员名单

主　　编　马玉忠

副主编　刘若楠　贾敬亮

其他参编（按姓名笔画排序）

马小康　　王　永　　王建强

王承玉　　田梦悦　　刘　欢

刘　芳　　刘月琴　　汲如芬

纪丽莎　　邹东敏　　和建华

侯海婷　　耿绍辉　　聂祖荫

贾敬亮　　徐丽娜　　潘　青

[前言]

自《简明羊病诊断与防治原色图谱》2008年问世至今，已有10年的时间了。这期间本书受到广大读者和同行的支持和欢迎，也提出了很多宝贵的意见和建议。当前养羊业发展很快，羊的疾病发生也发生了很大变化。鉴于此，针对当前羊的多发病、常发病，在《简明羊病诊断与防治原色图谱》的基础上，我们编写了《简明羊病诊断与防治原色图谱（第二版）》一书。本书力求做到更贴近当前的实际情况，解决当前养羊生产中的实际问题，促进养羊业健康、蓬勃地发展。

本书的主要内容包括羊的常见传染病、寄生虫病、内科病、外科病、产科病、代谢和中毒病等87种疾病，对每一种疾病从病原、流行病学、症状、病理变化、诊断、预防、治疗等方面作了较为详细的阐述，并配以彩图，以做到直观明了、通俗易懂，可让读者"看图识病，识病能治"，达到快速掌握各种羊病诊断与防治技术的目的。

本书科学实用、简明扼要、图文并茂，可供养羊专业户、基层畜牧兽医工作者、羊场技术人员使用，也可为大专院校畜牧兽医专业学生、教师和科研人员提供参考。

在本书编写过程中，河北省唐县和建华、聂祖荫兽医师，曲阳县王建强兽医师及很多羊场提供了大量羊的病例，参考了大量相关文献资料，听取了多位专家的意见，在此一并表示衷心的感谢。由于编者水平有限，书中疏漏之处在所难免，恳请各位专家和读者不吝赐教，给予批评指正。

本书得到国家绒毛用羊产业技术体系项目（CARS-39-23）支持。

编者

2019年1月

[第一版前言]

随着我国国民经济的快速发展和人们生活水平的不断提高，对畜产品的需求越来越多。羊肉富含蛋白质、矿物质和维生素，而脂肪、胆固醇等含量比较低，是理想的营养保健食品。因而人们对羊肉的需求量日益增长，这大大促进了养羊业的发展。近年来，规模化、集约化的大羊场不断出现，养羊业呈现出蓬勃发展之势。在养羊业的发展过程中，不可避免地伴随着羊病的发生。

为了有效地预防、诊断和治疗羊病，使羊的发病率和死亡率控制在最低程度，以便促进养羊业健康、稳定发展，根据我国当前养羊生产实际需要，编写了《简明羊病诊断与防治原色图谱》一书。本书将养羊生产中的一些常见传染病、寄生虫病、内科病、外科病、产科病、代谢和中毒病等分门别类地列出，并对每种病从病原、症状、病理解剖变化、诊断、预防、治疗等方面作了简明扼要的阐述，并配以彩图，以做到直观明了、通俗易懂。

本书科学实用、简明扼要、图文并茂，可供养羊专业户、基层畜牧兽医工作者、羊场技术人员使用，也可为大专院校畜牧兽医专业学生、教师和科研人员提供参考。

由于时间仓促，编者水平有限，疏漏之处在所难免，敬请有关专家、广大同仁和读者不吝赐教，给予批评指正。

编者

2008 年 9 月

[目录]

第一章

传染病

一、炭疽

炭疽病是一种急性、败血性人兽共患传染病。绵羊、山羊可互相传染，绵羊更易感染。

【病原】

病原为炭疽杆菌，该菌为革兰氏阳性菌，在体内不形成芽孢，但在外界适宜的条件下可形成芽孢。形成芽孢的炭疽杆菌抵抗力非常强，在土壤中可存活10年以上。

【流行特点】

病羊排泄物、分泌物中含有大量的炭疽杆菌，健康羊采食了被污染的饲料、饮水，吸入带有炭疽芽孢的灰尘，被吸血昆虫叮咬等均可感染炭疽杆菌，皮肤破损也有感染的危险。一年四季均可发生，但以夏季多雨季节多发，呈散发或地方性流行。

【症状】

潜伏期一般1～5天。多呈急性经过，病羊突然倒地，全身抽搐、磨牙、呼吸困难（图1-1-1）。体温升高到40～42℃，从口腔、鼻、肛门等天然孔流出暗红色不易凝固的血液，数分钟内死亡，尸体很快发生膨胀腐败，尸僵不全。

图1-1-1　病羊突然倒地，
　　　　　呼吸困难

【病理变化】

脾脏肿大（图1-1-2），全身淋巴结出血和肿大，肾脏充血和出血（图1-1-3），皮下胶冻样水肿。由于对炭疽病尸体严禁剖检，应注意根据临床症状做出综合判断，以免误剖。

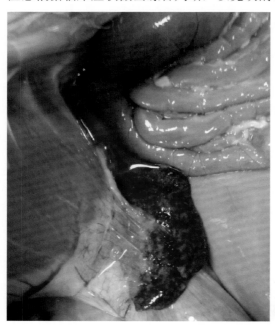

图1-1-2　脾脏肿大

图1-1-3　肾脏充血

【诊断】

根据流行特点和症状。

【防治】

（1）预防

① 免疫接种　在发生过炭疽病的地区，皮下注射炭疽2号芽孢苗1毫升，每年1次。

② 隔离封锁、紧急接种　疾病发生时，应立即封锁发病场所，并及时报告当地兽医防疫部门。病羊的尸体及粪便、垫草和其他废弃物品，应进行焚烧或深埋，深埋地点应远离水源、道路及牧地。被病羊污染的圈舍、场地、饲具，用10%热碱液、20%～30%漂白粉溶液或0.2%升汞溶液消毒，以杀死芽孢。

（2）治疗　病羊必须在严格隔离条件下进行治疗。炭疽杆菌对青霉素、链霉素、土霉素及氯霉素敏感，其中青霉素、链霉素最为常用。

① 抗炭疽血清　30～60毫升，皮下或静脉注射，12小时后再注射1次。

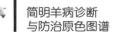
② 青霉素　第一次用160万单位，以后每隔4～6小时用80万单位，肌内注射。

③ 链霉素　200万单位，肌内注射，每日2次。

二、巴氏杆菌病

羊巴氏杆菌病又称羊出血性败血病，是由多杀性巴氏杆菌引起的以败血症和肺炎为特征的一种疾病。

【病原】

多杀性巴氏杆菌是两端钝圆、中央微凸的革兰氏阴性短杆菌，一般存在于病羊的血液、内脏器官、淋巴结内。该菌对干燥、热和阳光敏感，用一般消毒剂在数分钟内可将其杀死。

【流行特点】

绵羊多发于幼龄羊，山羊不易感染。病羊和带菌羊是此病的传染源。病原随分泌物和排泄物排出体外，经呼吸道、消化道及损伤的皮肤而感染。本病的发生无明显季节性，呈地方性流行或散发。当饲养环境不佳、气候剧变、长途运输等使机体抵抗力降低，易使羊只发病。

【症状】

（1）最急性型　多见于哺乳羔羊，突然发病，出现寒战、呼吸困难等症状，常于数分钟至数小时内死亡。

（2）急性型　病羊精神沉郁，体温升高到41～42℃，咳嗽，鼻孔出血，有时混有黏液。初期便秘，后期腹泻，有时粪便全部变为血水。病羊常在严重腹泻后虚脱而死，病程2～5天。

（3）慢性型　病羊消瘦，不思饮食，流脓性鼻液，咳嗽，呼吸困难。有时颈部和胸下部发生水肿。角膜炎，腹泻。临死前极度衰弱，体温下降。病程可达3周。

扫二维码观看羊巴氏杆菌病的表现。

【病理变化】

皮下有液体浸润和点状出血；胃肠道黏膜水肿、溃疡和弥漫性出血（图1-2-1、图1-2-2）；胸腔内有黄色渗出物；肺淤血、水肿、出血（图1-2-3），常见纤维素性胸膜肺炎；肝脏肿胀、淤血；心包积液，主要是黄色的混浊液体。

【诊断】

根据流行特点、临床症状及病理变化可进行初步诊断，确诊要进行实验室鉴定。采取病死羊的肺、肝、脾及胸腔液，制成涂片，用碱性美蓝染液或瑞氏染液染色后镜检，能够看到细小杆状菌体，且两极着色非常明显，从而确诊该病。

图1-2-1　肠黏膜出血

扫一扫观看羊巴氏杆菌病表现（慢性型，病羊消瘦，不思饮食，流脓性鼻液，咳嗽，呼吸困难）

图1-2-2　皱胃出血

图1-2-3 肺淤血、水肿、
出血

【防治】

（1）预防　发现病羊后要立即进行隔离，将被污染的垫料、垫草清除干净，并对病羊污染的圈舍、运动场及各种用具进行彻底消毒。必要时用高免血清或菌苗作紧急免疫接种。

（2）治疗　使用最敏感的药物控制原发病。氯霉素、庆大霉素、四环素以及磺胺类药物都有良好的治疗效果。氯霉素按每千克体重10～30毫克，或庆大霉素按每千克体重1000～1500单位，或20%磺胺嘧啶钠5～10毫升，均肌内注射，每日2次，直到体温下降，食欲恢复为止。

三、布氏杆菌病

布氏杆菌病是一种人兽共患的慢性传染病，主要侵害生殖系统。羊感染后，以母羊发生流产和公羊发生睾丸炎为特征。

【病原】

病原为布氏杆菌，它存在于羊的生殖器官、内脏和血液中。70℃消毒10分钟可以杀灭该菌，高压消毒瞬间即亡。该菌在干燥的土壤中可存活37天，在冷暗处和胎儿体内可存活6个月。该菌对寒冷的抵抗力较强，低温下可存活1个月左右。对消毒药敏感，

2%来苏尔3分钟或5%生石灰水15分钟即可杀死病菌。

【流行特点】

该病的传染源主要是病畜及带菌动物，最危险的是受感染的妊娠母畜在流产和分娩时，将大量病原随胎儿、胎水和胎衣排出。母羊较公羊易感性高，本病主要通过采食被污染的饲料、饮水经消化道感染，经皮肤、黏膜、呼吸道以及配种也可感染。与病羊接触、加工病羊肉而不注意消毒的人也易感本病。本病不分性别年龄，一年四季均可发生。

【症状】

本病常不表现症状，而首先被注意到的症状是流产，流产多发生于怀孕后的3～4个月。流产前食欲减退、口渴，阴道流出黄色黏液。流产母羊多数胎衣不下，继发子宫内膜炎，影响受胎（图1-3-1）。公羊表现睾丸炎，阴囊肿胀托地（图1-3-2），行走困难，拱背，饮食减少，逐渐消瘦，失去配种能力。另外还有乳腺炎、支气管炎、关节炎等症状。

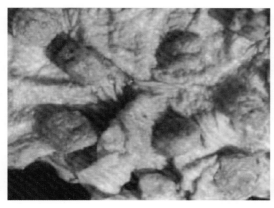

图1-3-1　子宫内膜炎

【病理变化】

主要发生在生殖器官。急性期时附睾尾比正常大1～2倍，切面有大小不等的囊腔，内有乳白色絮状或干酪样物（图1-3-3），精索呈结节或串珠状（图1-3-4）。胎盘水肿，子叶出血、坏死（图1-3-5）。

胎儿皱胃中有淡黄色或白色黏液絮状物，脾和淋巴结肿大，肝出现坏死灶，胃肠和膀胱的浆膜与黏膜下可见有点状或线状出血。

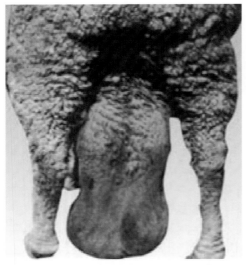

图1-3-2　阴囊肿胀托地

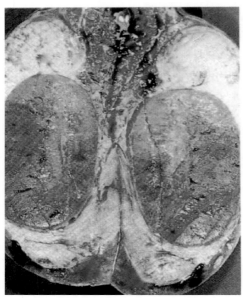

图1-3-3　急性睾丸炎和附
睾炎

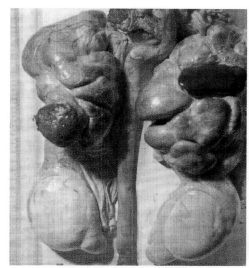

图1-3-4 精索呈结节或串珠状

图1-3-5 胎盘水肿、出血

【诊断】

根据流行病学、临床症状，结合平板凝集试验或试管凝集试验即可确诊。

【防治】

本病目前尚无特效的药物治疗，只有加强预防检疫。

（1）定期检疫　羔羊每年断乳后进行一次布氏杆菌病检疫。成羊两年检疫一次或每年预防接种而不检疫。对检出的阳性羊要捕杀处理，不能留养或给予治疗。

（2）免疫接种　当年新生羔羊通过检疫呈阴性的，用"2号弱毒活菌苗"口服或注射。羊不分大小每只口服500亿个活菌。疫苗注射，每只羊25亿个菌，肌内注射。

呈阳性反应的羊应及时隔离，以淘汰为宜，无治疗价值。严禁与假定健康羊接触。对污染的用具和场所进行彻底消毒；流产胎儿、胎衣、羊水和产道分泌物应深埋。

四、坏死杆菌病

坏死杆菌病是畜禽共患的一种慢性传染病。在临床上表现为皮肤、皮下组织和消化道黏膜的坏死，有时在其他脏器上形成转移性坏死灶。

【病原】

病原是坏死杆菌，革兰氏阴性。具有明显的多形性，小的成球杆状，大的呈长丝状。本菌严格厌氧，较难培养。该菌至少可产生两种毒素，其外毒素皮下注射可引起组织水肿，静脉注射则数小时内导致死亡；内毒素皮下或皮内注射可致组织坏死。坏死杆菌对热及常用消毒剂敏感，但在污染的土壤中能长时间存活。

【流行特点】

坏死杆菌在自然界分布很广，动物的粪便、死水坑、沼泽和土壤中均有存在，通过皮肤和黏膜而感染，多见于低洼潮湿地区和多雨季节，呈散发性或地方性流行。绵羊多发于山羊。

【诊断】

根据发病特点、症状，可作出诊断。必要时，可从病羊的病灶与健康组织的交界处采取病料涂片，用稀释石炭酸复红或碱性美蓝加温染色，可发现着色不匀、细长丝状的坏死杆菌。

【病理变化与症状】

病原侵害羊蹄部时，引起腐蹄病。病羊初期跛行，多为一肢患病。蹄间隙、蹄踵和蹄冠皮肤红肿（图1-4-1），继而发生溃疡。随病程的发展，蹄底部变黑、坏死（图1-4-2），严重者蹄匣脱落。羔羊发生坏死性口炎，齿龈、颊、硬腭、舌及咽喉黏膜肿胀、坏死、脱落，露出溃疡面。该病轻者很快恢复，重症若治疗不及时，往往由于内脏形成转移病灶，俗称"羊烂肝、烂肺病"而导致死亡。

图1-4-1 蹄间隙、蹄冠皮肤红肿

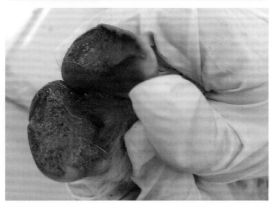

图1-4-2 蹄底部变黑、坏死

【防治】

（1）预防

① 加强饲养管理，保持圈舍及羊体清洁卫生，防止过度拥挤，

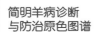
不在低洼潮湿地区放牧。

② 发生外伤时，应及时用5%碘酊涂擦伤口，以防感染。

（2）治疗

① 在四肢及皮肤发生病变时，先清除患部坏死组织，用3%来苏尔、6%甲醛、5% ～ 10%硫酸铜，或2%食盐水加1%高锰酸钾蹄浴，然后用抗生素软膏、磺胺软膏或鱼石脂软膏涂抹。

② 对坏死性口炎，先除去口腔内的伪膜，每天用1%高锰酸钾溶液洗涤两次，然后涂抹碘甘油或撒布冰硼散，每天3次，连用3 ～ 5天。

③ 对溃疡面，先清洗干净，再将青霉素生理盐水溶液经引流管注入，每天3次，每次10毫升左右，每毫升生理盐水含青霉素4000 ～ 6000单位。

④ 出现全身症状时，用土霉素，肌内注射，按每千克体重3 ～ 5毫克，每天2次，连用3 ～ 5天。

⑤ 磺胺嘧啶钠注射液，肌内注射，按每千克体重0.1克，每天2次，连用3 ～ 5天，并配合强心解毒药物，可促进康复，提高治愈率。

五、羊流产沙门氏菌病

羊流产沙门氏菌病是由羊流产沙门氏菌引起的一种急性传染病，以子宫炎和流产为主要特征。

【病原】

本病病原为羊流产沙门氏菌，在水、土壤和粪便中能存活几个月。但不耐热，一般消毒药物均能迅速将其杀死。

【流行特点】

本病发生于不同年龄的羊，多见于怀孕的最后两个月。无明显的季节性，主要在晚冬、早春季节发生。主要经消化道传染，病羊和健康羊交配或用病公羊的精液人工授精也可感染。寒冷、拥挤和长途运输等不良因素均可促进本病的发生。

【症状】

流产多见于妊娠的最后2个月。流产前体温升高到40～41℃，厌食，精神沉郁，腹泻。病羊阴唇肿胀，流产前1～2天流出带血黏液（图1-5-1）。病羊产下的活羔羊比较衰弱，不吃奶，并有腹泻（图1-5-2），常于产后1～7天死亡。病羊伴发肠炎、胃肠炎和败血症。

图1-5-1 病羊阴唇肿胀，流产前流出带血黏液

图1-5-2 衰弱的羔羊

【病理变化】

流产羊产出死胎或初产羔羊几天内死亡，呈现败血症病变。胎儿皮下组织水肿、充血，肝、脾肿大，胎盘水肿、出血（图1-5-3）。流产的母羊子宫肿胀，有坏死组织、渗出物和胎盘滞留。

图1-5-3　胎盘水肿、出血

【诊断】根据流行特点、症状和病理变化即可做出初步诊断。确诊需要取病母羊的粪便、阴道分泌物、血液和胎儿组织进行细菌分离鉴定。

【防治】

（1）预防　加强对羔羊和母羊的饲养管理，保持卫生，减少诱病因素。发生本病后，对流产母羊及时隔离治疗；流产的胎儿、胎衣及污染物要烧毁，同时对流产场地和用具全面、彻底地进行消毒；对可能受威胁的羊群，注射相应菌苗预防。

（2）治疗　病初用抗血清较为有效。如果用药物治疗，应首选氯霉素，其次是新霉素、土霉素和呋喃唑酮等。

① 氯霉素　羔羊每日30～50毫克/千克体重，分3次内服；成羊10～30毫克/千克体重，肌内或静脉注射，每日2次。

② 硫酸新霉素　5～10毫克/千克体重，内服，1日2次。

③ 呋喃唑酮（痢特灵）　5～10毫克/千克体重，内服，1日2～3次。

六、羔羊大肠杆菌病

羔羊大肠杆菌病是由致病性大肠杆菌引起的一种急性、致死性传染病，多发生在初生羔羊，临床上主要表现为腹泻和败血症，死亡率很高。

【病原】

本病的病原是致病性大肠杆菌，是革兰染色阴性、中等大小的杆菌。本菌对外界抵抗力不强，一般常用的消毒药均能迅速将其杀死。

【流行特点】

多发生于数日至6周龄的羔羊，有时3～8月龄的羊也有发生，呈现地方性流行，也有散发的。该病的发生与气候不良、营养不足、场地潮湿污秽等有关。放牧季节很少发生，冬春舍饲期间常发。经消化道感染。

【症状】

潜伏期1～2天，分为败血型和下痢型两种类型。

败血型多发于2～6周龄的羔羊。病羊体温41～42℃，精神沉郁，迅速虚脱，有轻微的腹泻，有的带有神经症状，运步失调，磨牙，视力障碍，也有的病例出现关节炎，多于病后4～12小时死亡。

下痢型多发于2～8日龄的新生羔。病羊初体温略高，出现腹泻（图1-6-1）后体温下降，粪便呈半液体状，带气泡，有时混有血液。羔羊腹痛，严重脱水，不能起立；如不及时治疗，可于24～36小时死亡。

图1-6-1 病羊腹泻

图1-6-2 胸腔内大量积液

【病理变化】

　　败血型病羊，胸、腹腔和心包大量积液（图1-6-2），内有纤维素；关节肿大，内含混浊液体或脓性絮片；脑膜充血，有很多小出血点。

　　下痢型病羊，肠系膜充血、水肿和出血，肠系膜淋巴结肿胀（图1-6-3）；肠黏膜充血、水肿，内容物混有血液和气泡（图1-6-4）。

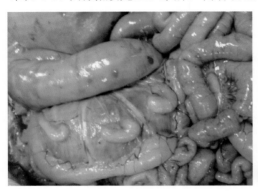

图1-6-3 肠系膜淋巴结肿胀

图1-6-4　肠黏膜充血、水肿

【诊断】根据流行病学、临床症状可做出初步诊断，确诊需进行细菌学检查。

【防治】

（1）预防

① 加强孕羊的饲养管理，确保新产羔羊的健壮，以增强机体抵抗力。

② 改善羊舍的环境卫生，定期消毒，尤其是在母羊分娩前后对羊舍彻底消毒1～2次。

③ 注意幼羊防寒保暖工作，尽早让羔羊吃到足够的初乳。

④ 对污染的环境、用具，可用3%～5%来苏尔消毒。

（2）治疗

① 使用四环素、强力霉素、新霉素等抗生素，并发肺炎可用青霉素或恩诺沙星。

② 调整胃肠机能，纠正酸中毒，防止脱水，需补充5%葡萄糖生理盐水500毫升。

③ 硫酸镁、福尔马林、高锰酸钾疗法　用胃管灌服6%硫酸镁（含0.5%福尔马林）40毫升，6～8小时后再灌服1%高锰酸钾10～20毫升。

七、李氏杆菌病

羊李氏杆菌病又名转圈病，以共济失调、站立不稳或转圈运动为主要特征。

【病原】

病原产单核细胞李氏杆菌是一种革兰染色阳性杆菌，对食盐和热耐受性强，巴氏消毒法不能杀灭，但一般消毒药易使其灭活。

【流行特点】

易感动物的种类范围广，通过消化道、呼吸道及损伤的皮肤而感染；呈散发性，发病率低，病死率很高。本病可感染人，畜牧兽医人员应注意自身保护。

【症状】

病初体温升高1～2℃，不久下降至接近常温。病羊精神沉郁，目光呆滞，有的意识障碍，无目的地乱窜乱撞。舌麻痹，采食、咀嚼、吞咽困难。鼻孔流出黏性分泌物；眼流泪，结膜发炎，眼球突出，常向一个方向斜视，甚至视力丧失。头颈偏向一侧，走动时向一侧转圈（图1-7-1），遇有障碍物时则以头抵靠不动。后期卧地不起、昏迷、四肢划动呈游泳状，一般于3～7天死亡。妊娠母羊常发生流产，羔羊常发生急性败血症而很快死亡。

图1-7-1 病羊向一侧转圈运动

【病理变化】

脑及脑膜充血、水肿，脑脊液增多（图1-7-2）。流产母羊胎盘发炎、子叶水肿（图1-7-3），子宫内膜充血、出血或坏死。

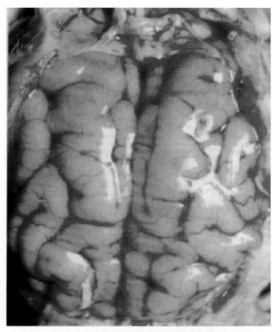

图1-7-2　脑膜充血、水肿

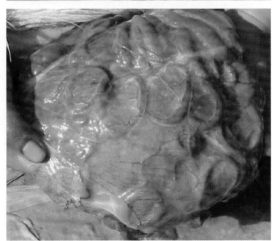

图1-7-3　胎盘发炎、子叶
水肿

【诊断】

本病诊断比较困难。病羊如表现神经症状、流产，可疑为本病。确诊用微生物学方法。

【防治措施】

（1）预防　严格防疫制度，不从有病地区引入羊只。注意清洁卫生和饲养管理，消灭鼠类和其他啮齿动物。将病畜隔离治疗；病羊尸体要深埋，并用5%来苏尔对污染场地消毒。

（2）治疗　早期采取大剂量磺胺类药与抗生素并用，疗效较好。用20%磺胺嘧啶钠按每千克体重5～10毫升，庆大霉素按每千克体重1000～1500单位，均肌内注射。病羊出现神经症状时，可用盐酸氯丙嗪治疗，按每千克体重1～3毫克用药。

八、传染性角膜结膜炎

羊传染性角膜结膜炎又称流行性眼炎、红眼病，以急性传染为特点，以眼结膜与角膜先发生明显的炎症变化为特征。

【病原】

羊传染性角膜结膜炎是一种多病原的疾病，其病原体有鹦鹉热衣原体、立克次体、结膜乳支原体、奈氏球菌、李氏杆菌等，目前认为，主要由衣原体引起。

【流行特点】

主要侵害山羊，尤其是奶山羊，绵羊也能感染。幼龄动物最易得病。一般是通过接触感染，蝇类或某种飞蛾可传递本病，病畜的分泌物如鼻涕、泪、奶及尿等，均能散播本病。多发生在蚊蝇较多的炎热季节，以放牧期发病率最高，进入舍饲期少数发病，多为地方性流行。

【症状与病理变化】

多数病羊先一眼患病，然后波及另一眼，有时一侧发病较重，另一侧较轻。发病初期患眼流泪、畏光；内眼角流出浆液或黏液性分泌物，不久变成脓性；上、下眼睑肿胀、疼痛，结膜潮红，并有树枝状充血（图1-8-1）。其后发生角膜炎、角膜浑浊和角膜溃疡（图1-8-2），眼前房积脓或角膜破裂，晶状体脱落，造成永久性失明（图1-8-3）。

图1-8-1　眼结膜充血、潮红

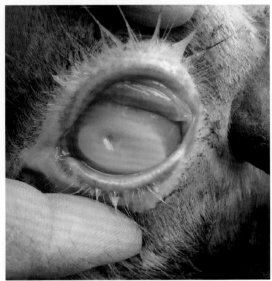

图1-8-2　角膜炎

图1-8-3　眼前房积脓，造
成失明

【防治】

（1）预防　立即隔离病畜，划定疫区，定期消毒，严禁易感
运动流动。

（2）治疗　病羊若无全身症状，在半个月内可自愈。发病后，
用2%～4%硼酸洗眼，每天2～3次，也可用0.025%硝酸银液滴
眼，每天2次，或涂以青霉素、氯霉素、四环素软膏。如角膜混浊
或角膜翳时，可用4%硼酸洗眼后，再滴以5000单位/毫升普鲁卡
因青霉素，每天2次。重症病羊滴加醋酸可的松眼药水。角膜混浊
者，滴视明露眼药水效果很好。

九、结核病

结核病是由结核分枝杆菌引起的人兽共患病。临床上以频繁
咳嗽、呼吸困难及体表淋巴结肿大为特征。

【病原】

病原是结核分枝杆菌，又称结核杆菌。本病菌对外界抵抗力
很强，在水、土壤中可存活5个月以上，常用的消毒药如70%酒
精、3%～5%来苏尔可将其杀死。

【流行特点】

结核病患畜的鼻液、痰液、粪便和乳汁等排出体外，污染饲
料、饮水、空气等周围环境。羊主要通过消化道感染本病，也可

由空气和生殖道感染。本菌对链霉素、异烟肼、对氨基水杨酸和丝氨酸等药物敏感，对青霉素、磺胺类药物等不敏感。

【症状】

病羊消瘦，被毛干燥，精神不振，多呈慢性经过。当患肺结核时，病羊咳嗽，流脓性鼻液。当乳房结核时，乳房硬化，乳房淋巴结肿大；当患肠结核时，病羊便秘或轻度胀气。扫二维码可观看结核病的表现。

【病理变化】

病羊黏膜苍白，在肺脏（图1-9-1）、脾脏（图1-9-2）和其他器官上形成结核结节和干酪样坏死灶。原发性结核病灶常见于肺脏和纵膈淋巴结，可见白色或黄色结节，有时发展成小叶性肺炎（图1-9-3）。在胸膜上可见灰白色半透明珍珠状结节。

【防治】

（1）预防　阳性病羊立即隔离，及时淘汰病羊。对已与病羊接触过的羊群，立即进行全群检疫。症状明显的病羊扑杀，内脏要深埋或焚烧。对病羊污染的地面，饲槽用20%石灰乳、10%漂

图1-9-1　肺结核结节和干酪样坏死灶

扫一扫观看羊结核病的表现（病羊消瘦，咳嗽，流脓性鼻液）

图1-9-2　脾脏的结核结节

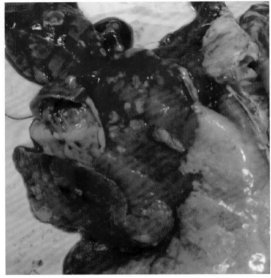

图1-9-3　羊肺部感染，呈
小叶性肺炎

白粉进行消毒，粪便发酵处理。病羊所产乳汁要煮沸消毒。所产
羊羔用1%来苏尔洗涤消毒后，隔离饲养，3个月后进行结核菌素
试验，阴性者方可与健康羊群混养。

（2）治疗　可用异烟肼、链霉素等药物。链霉素按每千克体

重10毫克，肌内注射，1天2次，连用数天。异烟肼按每千克体重
4～8毫克，分3次灌服，连用1个月。

十、副结核病

羊副结核病也称羊副结核性肠炎，是由副结核分枝杆菌引起
的一种以羊间歇性腹泻和进行性消瘦为特征的慢性接触性传染病。

【病原】

为副结核分枝杆菌，对外界环境的抵抗力较强，在污染的牧
场、圈舍中可存活数月，对热抵抗力差，75%酒精和10%漂白粉
能很快将其杀死。

【流行特点】

副结核分枝杆菌主要存在于肠道黏膜和肠系膜淋巴结，通过
粪便排出，污染饲料、饮水等，经消化道感染健康家畜。幼龄羊
的易感性较大，经过很长的潜伏期，到成年时才出现临床症状。
当机体的抵抗力减弱，饲料中缺乏无机盐和维生素容易发病，呈
散发或地方性流行。

【临床症状】

病羊开始为间歇性腹泻，稀便呈卵黄色、黑褐色，带有腥臭
味或恶臭味，并带有气泡。以后逐渐变为经常而顽固的腹泻，后
期呈喷射状排出。有的母羊泌乳少，颜面及下颌部水肿，腹泻不
止，最后极度消瘦（图1-10-1），衰竭而死。病程一般是15～20
天，长的可达70多天。扫二维码可观看副结核病表现的动态视频。

图1-10-1　患羊极度消瘦

扫一扫，查看病羊副
结核病表现（病羊腹
泻、消瘦、站立不稳）

【病理变化】

皮下与肌间脂肪胶样浸润。回肠、盲肠和结肠的肠壁明显增厚，肠黏膜表面凹凸不平（图1-10-2），似脑回或地毯。肠系膜淋巴结钙化（图1-10-3），切面灰白或灰红。

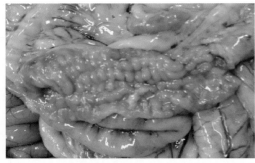

图1-10-2　肠黏膜表面凹凸不平

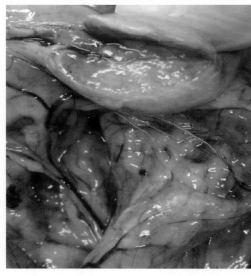

图1-10-3　肠系膜淋巴结钙化

【鉴别诊断】

该病应与胃肠道寄生虫病、营养不良、沙门氏菌病等相鉴别。

① 与寄生虫病的鉴别　寄生虫病在粪便中常发现大量虫卵，剖检时在胃肠道里有大量的寄生虫，肠黏膜缺乏副结核病的皱褶

变化。

② 与营养不良的鉴别　营养不良多见于冬春枯草季节，病羊消瘦、衰弱；在早春抢青阶段也会发生腹泻，但肠道缺乏副结核病的病理变化。

③ 与沙门氏菌病的鉴别　该病多呈急性或亚急性经过，粪便中能分离出致病性沙门氏菌。

【防治】

羊副结核病无治疗价值。对出现临床症状或变态反应阳性的病羊，及时淘汰；对圈舍彻底消毒，并空闲1年后再引入健康羊。

十一、羊放线菌病

羊放线菌病是一种慢性传染病，主要以羊下颌、面部、颈部或乳房处等处出现增生与化脓，形成放线菌肿为特征。

【病原】

病原是牛放线菌和林氏放线杆菌，主要侵害骨骼等硬组织。在病灶的脓汁中形成黄色或黄褐色的颗粒状物质，外观似硫黄。本菌抵抗力不强，易被普通消毒剂杀死，但菌块干燥后能存活6年，对日光的抵抗力亦很强，在自然环境中能长期生存。

【流行特点】

本菌常存在于污染的饲料和饮水中，当健羊的口腔黏膜被草芒、谷糠或其他粗饲料刺破时，细菌即乘机由伤口侵入。本病常发生在低洼潮湿地区。主要危害1岁以内的青年羊，老龄羊和羔羊很少见。本病散发，很少呈流行性，病程长，达数周以上。

【症状】

病羊下颌部、面部、颈部或乳房处有肿块，有的较硬，有的柔软有波动感，无热无痛。有的脓肿部被毛脱落，皮肤变薄，之后自然破溃形成瘘管，流出大量脓性分泌物（图1-11-1）。病羊精神尚好，有的沉郁，食欲、反刍下降，严重的几乎不吃草料，仅舔食少量混合精料，体温升高不明显。

【病理变化】

病害常限于头部，内脏没多大变化，嘴唇肿大、坚硬、瘘管有脓液流出，部分带有干脓或脓痂。颌下淋巴结增大。肺部严重损伤时，表现肺囊状肉芽肿（图1-11-2）。

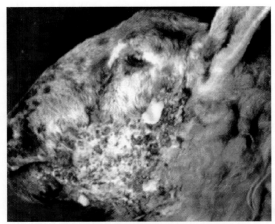

图1-11-1　面部脓液渗出

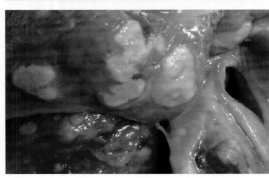

图1-11-2　肺囊状肉芽肿

【诊断】根据临床症状和病理变化做出诊断。

【防治】

（1）预防

①将稿秆、谷糠或其他粗饲料浸软以后再喂。

②注意饲料及饮水卫生，避免到低湿地区放牧。

（2）治疗

① 初期肿胀坚硬，可采取封闭疗法，即青霉素80万单位、链霉素0.5克、0.25%普鲁卡因20毫升注射在肿胀四周。

② 若放线菌肿不在大血管和神经干处，单个存在且尚未软化，可手术剥离摘除。

③ 若脓肿有波动感，可切开排脓，用2%来苏尔冲洗脓腔，最后用碘酊纱布填塞。

④ 若放线菌肿生长在舌体上，舌伸出口外，采食困难，首先针刺放出水肿液，然后用青霉素、链霉素各80万单位，注射用水10毫升，从颌下间隙注入舌体。

十二、衣原体病

羊衣原体病由鹦鹉热衣原体引起，临床上以发热、流产、死胎和产出弱羔为特征。

【病原】

鹦鹉热衣原体属于衣原体科，衣原体属。鹦鹉热衣原体抵抗力不强，对热敏感。0.1%福尔马林、0.5%石炭酸、70%酒精、3%氢氧化钠均能将其灭活。

【流行特点】

患病动物和带菌动物为主要传染源，可通过粪便、尿液、泪液、鼻分泌物以及流产的胎儿、胎衣、羊水排出病原体。本病主要经呼吸道、消化道及损伤的皮肤、黏膜感染；也可通过交配或用患病公羊的精液人工授精发生感染；蜱、螨等吸血昆虫叮咬也能传播本病。羊衣原体性流产多呈地方性流行。密集饲养、营养缺乏、长途运输或迁徙等可促进本病的发生。

【症状】

鹦鹉热衣原体感染绵羊、山羊可有不同的临床表现，主要有下列几种类型。

（1）流产型　流产通常发生于妊娠中后期，主要表现为流产、死胎或娩出生命力不强的弱羔羊（图1-12-1）。流产后往往胎衣滞留，阴道排出分泌物可达数日。流产过的母羊，一般不再发生流产。在本病流行的羊群中，公羊可见睾丸炎、附睾炎等疾病。

图1-12-1　病羊娩出弱羔羊

（2）关节炎型　鹦鹉热衣原体侵害羔羊，可引起多发性关节炎（图1-12-2）。感染羔羊病初体温高达41～42℃，食欲减退，关节肿胀、疼痛，肌肉僵硬，生长发育受阻。有些羔羊同时发生结膜炎。发病率高，病程2～4周。

图1-12-2　羔羊的多发性关节炎

（3）结膜炎型　眼结膜充血、水肿、流泪（图1-12-3）。病后2～3天，角膜发生不同程度的混浊。角膜溃疡者，病期可达数周。发病率高，一般不引起死亡，病程6～10天。

【病理变化】

（1）流产型　流产母羊胎膜水肿、增厚，子叶呈黑红色或土黄色。流产胎儿水肿，皮肤、皮下组织及淋巴结等处有点状出血，肝脏充血、肿胀，表面有针尖大小的灰白色病灶。

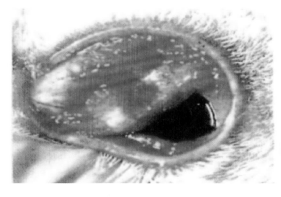

图1-12-3　鹦鹉热衣原体引起的眼结膜充血、流泪

（2）关节炎型　关节囊扩张，发生纤维素性滑膜炎。

（3）结膜炎型　结膜上可见大小不等的淋巴样滤泡，滤泡内淋巴细胞增生。

【诊断】根据流行特点、临床症状和病理变化可做出初步诊断。确诊需进行实验室诊断。

【防治】

加强饲养卫生管理，消除各种诱发因素，防止寄生虫侵袭，增强羊群体质。流行本病的地区，用羊流产衣原体灭活苗对母羊和种公羊进行免疫接种，可有效控制羊衣原体病的流行。发生本病时，流产母羊及其所产弱羔应及时隔离。流产胎盘、产出的死羔应予销毁。污染的羊舍、场地等环境用2%氢氧化钠溶液、2%来苏尔等进行彻底消毒。

治疗可肌注青霉素，每次80万～160万单位，1日2次，连用3日。也可用四环素、红霉素等治疗，连用1～2周。结膜炎患羊可用土霉素软膏点眼治疗。

十三、链球菌病

羊链球菌病俗称"嗓喉病"，是羊的一种急性、热性、败血性传染病。以下颌淋巴结和咽喉肿胀，大叶性肺炎，呼吸异常困难，各脏器出血，胆囊肿大为特征。

【病原】

病原是链球菌，革兰染色阳性。病菌通常存在于病羊的各个脏器以及分泌物、排泄物中，以鼻液、气管和肺脏含量最高。对外界抵抗力较强，而对一般的消毒药物抵抗力较差，2%石炭酸、0.1%升汞、2%来苏尔及0.5%漂白粉可将其杀死。

【流行特点】

该病的传染源是病羊及带菌羊，经由呼吸道或发生损伤的皮肤、黏膜及吸血昆虫叮咬而传播。病原体具有较强的抵抗力。新发病区呈流行性发生，而老疫区呈散发或地方性流行。该病发生在冬、春季节。

【临床症状】

本病的潜伏期，自然感染时为2～7天，少数可达10天。

（1）最急性型　病羊症状不明显，常于24小时内死亡。

（2）急性型　病初体温升高达41℃，呼吸困难，精神沉郁，食欲不振或者废绝，反刍停止。眼结膜充血（图1-13-1），流出脓性分泌物；口流涎水，并混有泡沫；鼻孔流出浆液性、脓性分泌物（图1-13-2）。咽喉肿胀，下颌淋巴结肿大，部分病例舌体肿大。粪便松软，带有黏液或血液。怀孕羊流产。病羊死前有磨牙、呻吟

图1-13-1　眼结膜充血

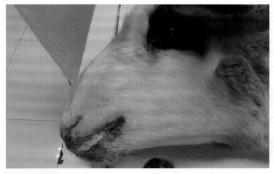

扫一扫观看羊链球菌病表现（呼吸困难，精神沉郁，食欲不振，全身颤抖，眼内流出脓性分泌物，鼻孔中流出脓性分泌物，腹泻，粪便带血）

图1-13-2　口流涎水

和抽搐现象。病程一般2～5天。扫二维码可观看羊链球菌病症状。

（3）亚急性型　临床症状与急性型相似，但相对较缓和。病羊体温升高，食欲不振，呼吸困难，有黏性鼻涕流出，伴有咳嗽。排出稀软的粪便。病程后期，病羊垂头、弓背，呆立。死前卧地不起，四肢呈游泳状划动，有时发出尖叫声或出现磨牙表现。病程1～2周。

（4）慢性型　症状不稳定，食欲不振，消瘦，步态僵硬，有的出现关节炎。病程1个月左右，发生死亡。

【病理变化】

皮下结缔组织充血，咽喉部高度水肿，胸腔内有深黄色的胶样渗出液，肺实质出血，呈浆液纤维素性肺炎（图1-13-3）。心内、

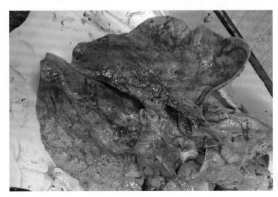

图1-13-3　纤维素性肺炎

外膜有点状出血。肝脏肿大，表面有少量出血点。胆囊肿大，充满黑绿色胆汁（图1-13-4）。肾脏变脆、变软，肿胀，被膜不易剥离。肠黏膜脱落，肠内容物混有血液（图1-13-5）。肠系膜淋巴结出血，肿大。

图1-13-4　胆囊肿大

图1-13-5　肠黏膜出血

【诊断】根据临床症状和病理变化做出诊断。

【防治】

（1）预防

① 未发病地区勿从疫区引入种羊、羊肉或皮毛产品，加强防疫检疫工作。

② 常发病地区坚持免疫接种，每年发病季节到来之前，用羊链球菌苗预防接种。大小羊只一律皮下注射3毫升，3月龄以下羔羊，2～3周后重复接种1次，免疫期可维持半年以上。

③ 加强饲养管理，做好防寒保暖工作。疫区要搞好隔离消毒工作，羊群在一定时间内勿进发过病的"老圈"。

（2）治疗　早期用青霉素或磺胺类药物治疗。每次肌内注射青霉素80万～160万单位，每日2次，连用2～3日。或口服复方新诺明，每次每千克体重25～30毫克，1日2次，连用3日。

十四、葡萄球菌病

羊葡萄球菌病以组织器官发生化脓性炎症为特征，多为继发性感染。

【病原】

主要致病菌为金黄色葡萄球菌，常呈葡萄串状排列，革兰氏染色阳性。

【流行特点】

葡萄球菌在自然界分布广泛，羊可通过各种途径感染，损伤的皮肤及黏膜是主要的入侵门户。进入机体组织的葡萄球菌，引起感染局部发生化脓，导致蜂窝织炎、脓肿等，并可转移引起内脏器官的脓肿病变。经呼吸道感染还可引起气管炎、肺炎及脓胸等。

【临床症状】

皮下、肌肉与内脏器官常形成大小不等的脓肿。肺、胸膜发生化脓性炎症时，可引起肺与胸膜粘连。经呼吸道感染可引起气管炎、肺炎及脓胸等。乳房发热、疼痛、高度肿胀（图1-14-1），

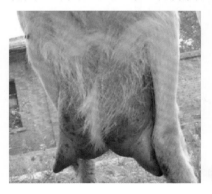

图1-14-1　乳房发热、疼痛、高度肿胀

乳房分泌物呈红色或黑红色，带恶臭味。

【病理变化】

肝、脾、肾、肺表面有灰白色的化脓灶或紫黑色的出血点（图1-14-2、图1-14-3），下颌淋巴结、股前淋巴结和肠系膜淋巴结肿大，常呈紫红色。

图1-14-2 肺表面有灰白色的化脓灶和紫黑色出血点

图1-14-3 肺中有许多大小不等的脓肿

【防治】

保持饲养环境的清洁卫生，避免外伤，提高机体的抵抗能力，可大大降低本病的发生。对病羊可采用抗生素做局部或全身治疗。

十五、羊快疫

绵羊的一种急性传染病，以突然发病，病程短促，皱胃黏膜呈出血性炎性损害为特征。

【病原】

病原为腐败梭菌，是革兰氏阳性的厌氧大杆菌。本菌可产生多种毒素，在体内外均产生芽孢，不形成荚膜。一般要使用强力消毒药如20%漂白粉、3%～5%氢氧化钠等才能将其杀死。

【流行特点】病羊多为6～18月龄营养较好的绵羊，山羊较少。多发于春、秋季节，羊采食了污染的饲料或饮水，当外界存有不良诱因，如气候骤变、阴雨连绵、体内寄生虫等都可诱发本病。以散发为主，发病率低而病死率高。

【症状】

（1）最急性型　病羊突然停止采食和反刍，磨牙、腹痛、呻吟，四肢分开，后躯摇摆，呼吸困难，口鼻流出带泡沫的液体。痉挛倒地，四肢呈游泳状，2～6小时死亡。

（2）急性型　病初精神不振，食欲减退，行走不稳，卧地不起，腹部鼓胀，眼结膜充血，流涎，呻吟。排粪困难，粪便中带有炎性产物或黏膜，呈黑绿色。体温升高到40℃以上时呼吸困难，不久后死亡。

扫二维码观看羊快疫表现。

【病理变化】

皱胃黏膜出血（图1-15-1），黏膜下组织水肿。胸、腹腔及心包积液，心内外膜和肠道有出血点，胆囊肿大（图1-15-2）。肾、肝等实质器官淤血（图1-15-3）。

【诊断】

在羊生前诊断本病有困难，根据临床症状只能初步诊断，死后剖检可见皱胃出血，确诊需进行细菌学检验。

图1-15-1　皱胃黏膜出血

扫一扫观看羊快疫表现
（急性型，病羊卧地不
起，腹部鼓胀，呻吟）

图1-15-2　胆囊肿大

图1-15-3　肾淤血

【防治】

（1）预防　发生本病时，将病羊隔离。当本病发生严重时，将所有未发病羊转移到高燥地区放牧，防止受寒感冒，避免羊只采食冰冻饲料，早晨出牧不要太早。同时用菌苗进行紧急接种。在本病常发地区，每年可定期注射"羊快疫、猝疽、肠毒血症三联苗"，或"羊快疫、猝疽、肠毒血症、羔羊痢疾、黑疫五联苗"。

（2）治疗　病羊往往来不及治疗而死亡。对病程稍长的病羊，可治疗。

① 青霉素，肌内注射，每次80万～160万单位，每天2次。

② 磺胺嘧啶，灌服，按每次每千克体重5～6克，连用3～4次。

③ 复方磺胺嘧啶钠注射液，肌内注射，按每次每千克体重0.015～0.02克，每天2次。

④ 磺胺脒，按每千克体重8～12克，第1天1次灌服，第2天分2次灌服。

十六、羊腐蹄病

羊腐蹄病是蹄部肿胀，坏死的一种传染病。

【病原】

病原为坏死梭杆菌和结节拟杆菌，均为革兰氏阴性菌。本病原抵抗力不强，1%高锰酸钾、2%甲醛15分钟可将其杀死，煮沸1分钟即死亡，但在污染的土壤中可存活10-30天。

【流行特点】

本病常发生于低湿地带，湿雨季节。细菌通过损伤的皮肤侵入机体。羊只长期拥挤，环境潮湿，相互践踏，都容易使蹄部受到损伤，给细菌的侵入造成有利条件。腐蹄病是一种急性传染病，如果不及时控制，可以使羊群100%受到传染，甚至可传染给正在发育的羔羊。

【症状】

病初跛行（图1-16-1），患蹄肿大。趾间、蹄踵和蹄冠开始红肿，随后溃疡（图1-16-2），进一步发展为化脓坏死，挤压时有恶臭的脓液流出。严重的情况下，蹄部深层组织坏死、蹄壳脱落。病羊因疼痛而影响到采食，导致羊只逐渐消瘦。轻症病例能很快恢复；重症病例，如治疗不及时，可使内在器官形成转移性坏死病灶而死亡。

图1-16-1　病羊跛行

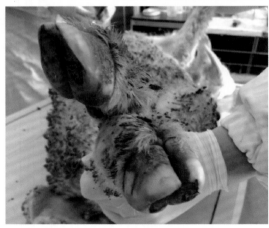

图1-16-2　趾间、蹄踵和蹄冠红肿

【病理变化】

　　本病的特征是皮肤、黏膜的坏死和溃疡形成。典型病变是受侵害组织凝固性坏死。

【诊断】

一般根据临床症状和流行特点，即可作出诊断。进行确诊，可由坏死组织与健康组织交界处用消毒小匙刮取材料，制成涂片，用复红-美蓝染色法染色，进行镜检。

【防治】

（1）预防　消除促进发病的各种因素

① 加强蹄子护理，经常修蹄，避免用尖硬多荆棘的饲料，及时处理蹄子外伤。

② 注意圈舍卫生，保持清洁干燥，羊群不可过度拥挤。

③ 尽量避免或减少在低洼、潮湿的地区放牧。

④ 发现本病时，将病羊隔离。对健康羊用30%硫酸铜或10%福尔马林进行预防性蹄浴。

⑤ 注射抗腐蹄病疫苗。最初注射两次，间隔5～6周。以后每6个月注射1次。

（2）治疗　根据疾病发展情况，采取适当治疗措施。

① 除去患部坏死组织，新鲜创面用食醋、1%高锰酸钾、3%来苏尔或双氧水冲洗，再用10%硫酸铜或6%福尔马林蹄浴。如大批发生，可每日用10%龙胆紫或松馏油涂抹患部。

② 脓肿应切开排脓，然后用1%高锰酸钾洗涤，再涂搽浓福尔马林，或撒以高锰酸钾粉。

③ 对于严重的病羊，有继发性感染时，在局部用药的同时，应全身用磺胺类药物或抗生素，其中以注射磺胺嘧啶或土霉素效果最好。

④ 中药治疗。可选用桃花散或龙骨散撒布患处。

十七、羊肠毒血症

羊肠毒血症又称软肾病，是由魏氏梭菌在肠道内繁殖产生毒素引起的羊急性传染病。

【病原】

魏氏梭菌为革兰氏阳性的厌氧粗大杆菌，可形成荚膜，故又称为产气荚膜杆菌，可产生多种肠毒素，导致全身性毒血症。

【流行特点】

发病以绵羊为多，山羊较少。通常以2～12月龄、膘情好的羊为主，经消化道而发生内源性感染。牧区以春夏之交，秋季牧草结籽后的一段时间发病为多；农区则多见在收割抢茬季节或食入大量富含蛋白质饲料时，多呈散发性流行。

【临床症状】

该病发生突然，病羊呈腹痛、肚胀症状，常离群呆立、卧地或独自奔跑；濒死期发生肠鸣或腹泻，排出黄褐色水样粪便；全身颤抖，磨牙，头颈向后弯曲；口鼻流沫；常于昏迷中死亡。体温一般不高。扫二维码观看肠毒血症表现。

【病理变化】

皱胃内常见残留未消化的饲料；肾脏软化如泥样（图1-17-1）；肠道臌胀，肠黏膜充血、出血（图1-17-2）；心脏内、外膜有出血点；脑膜出血，脑实质内有液化性坏死灶，脑膜出血（图1-17-3）。全身淋巴结肿大，切面黑褐色。

【诊断】根据临床症状和病理变化即可作出诊断。

【防治】

（1）预防　农区、牧区春夏之际少抢青、抢茬；秋季避免吃过量结籽饲草；发病时搬圈至高燥地区。常发区定期注射羊厌气菌病三联苗或五联苗。

图1-17-1　肾软化

扫一扫观看羊肠毒血症表现（全身颤抖，头颈向后弯曲）

图1-17-2　肠黏膜充血、出血

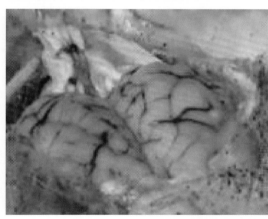

图1-17-3　脑膜出血

（2）治疗　该病由于病程短促，往往来不及治疗。病程稍长者，可用青霉素肌内注射，1次80万～160万单位，1日2次；或内服磺胺嘧啶，1日2次，1次5～6克，连服3～4次；或将10%安钠咖10毫升加于5%葡萄糖溶液500～1000毫升中静脉滴注；也可内服10%～20%石灰乳，1次50～100毫升，连服1～2次。

十八、羊黑疫

羊黑疫又称传染坏死性肝炎，是一种高度致死性疾病，以肝实质发生坏死性病灶为特征。

【病原】

病原是 B 型诺维氏梭菌，是革兰染色阳性、两端钝圆的粗大杆菌。本菌严格厌氧，可形成芽孢，不产生荚膜。本菌产生的外毒素，通常分为 A 型、B 型、C 型 3 型。

【流行特点】

主要发生在春、夏季，肝片吸虫流行的低洼潮湿地区。当羊采食被此菌芽孢污染的饲料后，芽孢由胃肠壁进入肝脏。当肝脏受未成熟的游走肝片吸虫损害发生坏死时，该处的芽孢即获得适宜的条件，迅速生长繁殖，产生毒素，进入血液循环，发生毒血症，导致急性休克而死亡。本病主要侵害 2 ～ 4 岁以上的成年绵羊，山羊也可感染。

【症状】

本病的临床症状与羊肠毒血症、羊快疫极其相似。发病急，常突然死亡。少数病例病程可拖延至 1 ～ 2 天。病羊表现掉群，不食，体温升高，呼吸困难，昏睡，无痛苦地突然死亡。

【病理变化】

皮下静脉显著淤血，使羊皮呈暗黑色外观。皱胃和小肠黏膜充血、出血（图 1-18-1、图 1-18-2）。肝脏表面和深层有数目不等的灰黄色坏死灶（图 1-18-3），周围有一鲜红色充血带围绕，切面呈半月形。

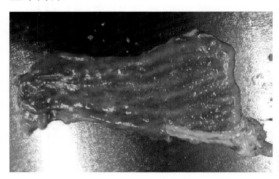

图1-18-1　皱胃黏膜出血

图1-18-2　小肠黏膜出血

图1-18-3　肝表面可见灰
黄色坏死灶

【诊断】

根据病羊临床症状、病理变化可以做出初步诊断。实验室检查，采集肝脏坏死灶边缘的组织制成涂片，染色镜检，可见粗大而两端钝圆的诺维梭菌，单个或成双存在。

【防治】

（1）预防　控制肝片吸虫的感染，定期注射羊厌气菌病五联苗，皮下或肌内注射5毫升。发病时，迁圈至高燥处。

（2）治疗

① 病程缓慢的病羊，可用青霉素80万～160万单位，肌内注

射，每天2次。

②抗诺维梭菌血清10～15毫升，肌内或皮下或静脉注射，连用1～2次。

十九、口蹄疫

口蹄疫是由口蹄疫病毒引起的偶蹄类动物共患的急性、热性、高度接触性传染病。其特征是患病动物口腔黏膜、蹄部和乳房发生水疱和溃疡，在民间俗称口疮、蹄癀。

【病原】

病原为口蹄疫病毒，该病毒对日光、热、酸碱均很敏感。常用的消毒剂有2%氢氧化钠，20%～30%草木灰，1%～2%甲醛溶液，0.2%～0.5%过氧乙酸和4%碳酸氢钠溶液等。

【流行特点】

主要传染来源为病羊，其次为带毒的野生动物（如黄羊）。主要是通过消化道和呼吸道传染，也可以经眼结膜、鼻黏膜、乳头及皮肤伤口传染。如果人或健羊接触了病畜的唾液、水泡液及奶汁，都可能受到传染而发病。

【症状】

潜伏期1～7天。表现为体温升高，食欲废绝，精神沉郁，跛行。口腔黏膜发生水疱和溃烂（图1-19-1）。山羊口腔病变比绵羊

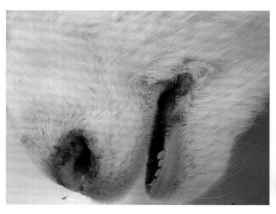

图1-19-1 口腔黏膜发生水疱和溃烂

多见，水泡多发生在硬腭和舌面上。母羊常流产。蹄的水泡小，不像牛那么明显。奶山羊可见乳头上有病变，奶量减少。哺乳羔羊容易得病，多发生出血性胃肠炎。也可能发生恶性口蹄疫，由于急性心脏停搏而死亡。死亡率可达20%～50%。

【病理变化】

小羊有出血性胃肠炎。在口腔、蹄部和乳房等处可见水疱、烂斑（图1-19-2）。咽喉、气管、支气管和前胃黏膜有烂斑和溃疡形成，心肌切面有灰红色或黄色斑纹，即"虎斑心"。

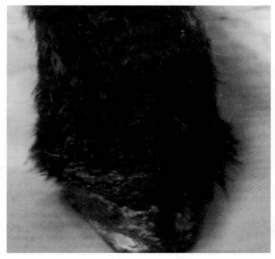

图1-19-2　蹄冠部皮肤溃烂、坏死

【诊断】

本病的临床症状比较特征，结合流行特点可作出初步诊断。进一步确诊常须作实验室检验。但应注意与羊痘相区别。羊痘的面部病灶多见于皮肤，很少见于口腔黏膜。蓝舌病、口疮、溃疡性皮肤炎及腐蹄病都不产生水泡，因而容易区别诊断。

【防治】

（1）预防

① 严禁从有病国家或地区引进动物及动物产品、饲料、生物制品等。

② 无口蹄疫地区，一旦发生疫情，应采取果断措施，对患病动物和同群动物全部扑杀销毁，对被污染的环境严格、彻底消毒。

③ 口蹄疫流行区，坚持免疫接种。

④ 当动物群发生口蹄疫时，应立即上报疫情，划定疫点、疫区和受威胁区，实施隔离封锁，对疫区和受威胁区的未发病动物进行紧急免疫接种。

⑤ 对病羊首先要加强护理，例如圈棚要干燥，通风要良好，供给柔软饲料（如青草、面汤、米汤等）和清洁的饮水，经常消毒圈棚。

（2）治疗　为促进病羊早日康复，在严格隔离条件下，根据患病部位不同，给予不同治疗。

① 口腔患病　用0.1%～0.2%高锰酸钾、0.2%福尔马林、2%～3%明矾或2%～3%醋酸（或食醋）洗涤口腔，然后给溃烂面上涂抹碘甘油或1%～3%硫酸铜，也可撒布冰硼散。

② 蹄部患病　用3%克辽林、3%来苏尔、1%福尔马林或3%～5%硫酸铜蹄浴。也可用10%碘酒涂抹，然后用绷带包裹。蹄浴不要太长，因潮湿能够妨碍痊愈。

③ 乳房患病　应小心挤奶，用2%～3%硼酸水洗涤乳头，然后涂以消毒药膏。

④ 恶性口蹄疫　对于恶性口蹄疫的病羊，应特别注意心脏机能的维护，及时应用强心剂和葡萄糖注射液。为了预防和治疗继发性感染，也可以肌内注射青霉素。口服结晶樟脑，每次1克，每天2次，效果良好，而且有防止发展为恶性口蹄疫的作用。

二十、羊传染性脓疱

羊传染性脓疱又称羊口疮，特征是口唇等处皮肤和黏膜形成丘疹、脓疱、溃疡，并最后结成疣状厚痂，羔羊最为敏感，并可能死亡。

【病原】

病原为传染性脓疱病毒，该病毒对热敏感，60℃ 30分钟或

64℃ 2分钟可灭活，而55℃下20 ～ 30分钟却不能杀死病毒。对乙醚有抵抗力，而对氯仿敏感。常用的消毒药有2%氢氧化钠溶液、10%石灰乳、20%热草木灰。

【流行病学】

在本病疫区，几乎每年都在产羔后期出现该病，主要因接触感染而传染。羊圈消毒不严，也是导致该病的一个主要原因。干燥季节由于饲草干硬，皮肤容易擦伤而感染，痂皮有长期传染性。康复动物在2 ～ 3年内有坚强免疫力。已发生的羊群中可连续多年发生。

【症状】

潜伏期3 ～ 8天。常在唇部和鼻镜出现散在的小红斑点，并迅速变为结节（图1-20-1），继而发展成水疱和脓疱。脓疱破裂后形成疣状硬痂。良性经过时，硬痂增厚、干燥，并于1 ～ 2周内脱落而恢复正常。严重病例的患部继续发生丘疹、水泡和脓疱，痂皮互相融合，波及整个口唇周围及眼面和眼睑，形成大片具有龟裂并易出血的污秽痂垢，呈桑椹状，痂下肉芽增生。严重影响病羊采食，以致日渐消瘦，并可能死亡。病程可长达2 ～ 3周以上。口腔黏膜也常出现水疱、脓疱和烂斑，恶化时甚至可能形成大面积溃疡（图1-20-2、图1-20-3）。

图1-20-1 唇部和鼻镜出现增生性结节

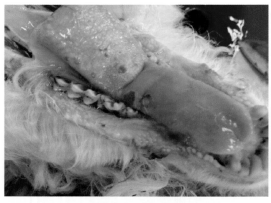

图1-20-2 山羊舌部和口腔黏膜的烂斑

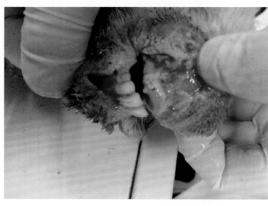

图1-20-3 山羊齿龈和下唇内侧黏膜的烂斑

　　四肢病变，不如唇部常见，几乎仅见于绵羊，常单独发生，很少和唇型同发，发病部位在蹄冠、趾间或系部皮肤，先出现水泡，再成脓疱而破溃。

　　乳腺的病变发生于乳头和乳房附近的皮肤（图1-20-4），病变也可发生在其他毛稀处。

　　【病理变化】

　　病变的发展经过典型的痘期。水泡期是暂时的，脓疱呈扁平状，具有棕灰色厚痂，可高出皮肤2～4毫米。根据继发感染程度，约在第4周完全消退。

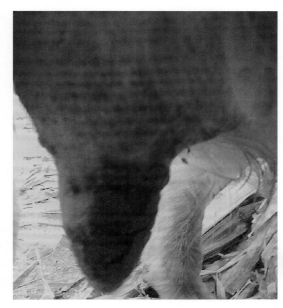

图1-20-4　被感染母羊乳房的脓疱和硬痂

【诊断】

根据临床症状，结合流行病学材料和动物接种试验可以做出诊断。小羊接种试验，将病料做成乳剂，在健康小羊唇部划痕接种，第2天即可见接种处红肿，继现水疱，内含乳白色半透明液体，4～6天变为脓疱，6～8天后结痂，经20～30天脱落。

【鉴别诊断】

与痘病相区别　羊痘是全身性的，体温升高，痘疹圆形，突出皮肤，界限明显，以后呈脐状，只有唇型易发生误诊，有季节性流行，传染性强。

与溃疡性皮炎相区别　溃疡性皮炎的病变表现为溃烂和组织破坏，且多发生于1岁以上的中成年羊。化验室镜检，能检出铜绿假单胞菌等细菌。

与坏死杆菌病相区别　蹄形不易与其他非病毒性坏疽相区别，坏死杆菌病特征是组织坏死，无水泡、脓疱过程，也无疣状增生物。必要时可做细菌学检查和动物接种病原检查。

与口蹄疫相区别　口蹄疫流行快，大面积发病，可感染羊以外的其他偶蹄类动物。

【防治】

（1）预防

① 定期用火碱等消毒药进行彻底消毒，防止病毒传给其他羊群。

② 严禁从疫区购买或引进羊只。

③ 防止创伤，去除诱因。不在带刺的草地和坚硬的山地放牧。

（2）治疗　以0.5%高锰酸钾或食醋清洗创面，每日2次，洗净后的创面，以加减青黛散粉末撒布，此方对大羊效果显著。病羔接触过的母羊乳房，用1%高锰酸钾消毒，防止其他羔羊吮吸。

二十一、羊痘

羊痘是一种急性、热性、接触性传染病，以无毛或少毛的皮肤和黏膜上生痘疹为特征。

【病原】

病原为羊痘病毒，有山羊痘和绵羊痘两种，它们之间一般不会形成交叉感染。绵羊痘由绵羊痘病毒引发，山羊痘的病原为山羊痘病毒。羊痘病毒对热、直射阳光、碱和大多数常用消毒药（酒精、碘酊、红汞、福尔马林、来苏尔、石碳酸等）均较敏感。该病毒耐干燥，在干燥的疮皮内能存活数年，在干燥羊舍内可存活8个月。

【流行病学】

该病主要通过呼吸道及含毒的飞沫和尘土传染，也可通过损伤的皮肤及消化道传染。被病羊污染的用具、饲料、垫草，病羊的粪便、分泌物、皮毛和外寄生虫都可成为传播媒介。该病多发生于春秋两季。

【症状】

病初体温升高至41～42℃，精神不振，食欲减退，拱腰发抖，眼睛流泪，咳嗽，鼻孔有黏性分泌物。2～3天后在羊的嘴唇、鼻端

（图1-21-1）、眼睛周围（图1-21-2）、乳房、肛门周围（图1-21-3）
及四肢内侧等处的皮肤上发生红疹，继而体温下降，红疹渐肿突

图1-21-1　羊的嘴唇、鼻端发生红疹

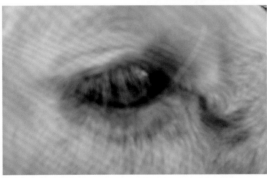

图1-21-2　羊的眼睛周围发生红疹

图1-21-3　肛门周围，尾根部皮肤上的痘疹

出，形成丘疹。数日后丘疹内有浆液性渗出物，中心凹陷，形成水疱，再经3～4天水疱化脓形成脓疱，以后脓疱干燥结痂，再经4～6天痂皮脱落溃留红色疤痕。该病多继发肺炎（图1-21-4）或化脓性乳腺炎（图1-21-5），怀孕后期的母羊多流产。

图1-21-4　肺脏表面的痘疹结节

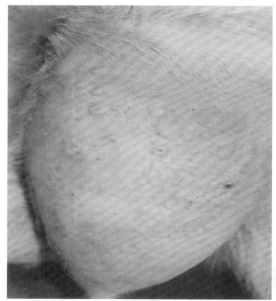

图1-21-5　乳房部的痘疹结节

【病理变化】

在前胃或皱胃的黏膜上有大小不等的圆形或半圆形结节，单个或融合存在。有的引起前胃黏膜糜烂或溃疡，咽和支气管黏膜也常有痘疹，肺有干酪样结节，淋巴结肿大。

【诊断】

根据临床症状结合病理变化可作出诊断。应注意与羊口疮、口蹄疫、羊快疫等病区别。

【防治】

（1）预防　每年春季不论羊只大小，一律在股内侧或尾下皮内注射稀释好的山羊痘疫苗0.5毫升，免疫期1年，羔羊应在7月龄时再注射1次。

（2）治疗　对羊痘的治疗目前无特效药，主要是对症治疗。在痘疹上或溃烂处涂碘甘油等。体温升高时可肌注青霉素、链霉素等。用量为每次青霉素160万～240万单位，链霉素100万～200万单位。每日两次，羔羊酌减。病愈后的羊可产生终身免疫。

二十二、羊支原体性肺炎

羊支原体性肺炎又称羊传染性胸膜肺炎，是由支原体引起的一种高接触性传染病。以发热、咳嗽、浆液性和纤维蛋白性肺炎以及胸膜炎为特征。

【病原】

引起山羊支原体性肺炎的病原体为丝状支原体山羊亚种。丝状支原体山羊亚种对理化因素抵抗力弱，对红霉素高度敏感，四环素和氯霉素对其也有较强的抑制作用，但对青霉素、链霉素不敏感；而绵羊肺炎支原体则对红霉素不敏感。

【流行特点】

自然条件下，丝状支原体山羊亚种只感染山羊，以3岁以下的羊发病为主；而绵羊肺炎支原体则可感染山羊和绵羊。本病常呈地方性流行，主要通过空气、飞沫经呼吸道传播，接触传染性强。阴雨连绵，寒冷潮湿，营养缺乏，羊群密集、拥挤等不良因素易诱发本病。

【症状】

潜伏期18～20天。病初体温升高，精神沉郁，食欲减退。随即咳嗽，流浆液性鼻涕。4 ～ 5天后咳嗽加重，干咳而痛苦，浆液性鼻涕变为黏脓性，常粘于鼻孔、上唇，呈铁锈色。病羊呼吸困难，高热稽留，眼睑肿胀，流泪或有黏液、脓性分泌物，腰背起伏作痛苦状。怀孕母羊可发生流产，部分羊肚胀腹泻。病期多为7 ～ 15天。

【病理变化】

胸腔常有淡黄色积液，常呈纤维性肺炎（图1-22-1）；肺实质硬变，切面呈大理石样变化（图1-22-2）。病肺的边缘常和周围组织发生广泛粘连（图1-22-3）。心包积液，心肌松弛、变软。肝脏、脾脏肿大。肾脏肿大，被膜下可有小点状出血。

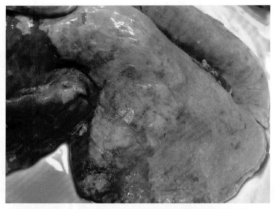

图1-22-1　纤维素性肺炎

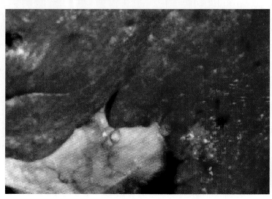

图1-22-2　肺实质切面呈
大理石样

图1-22-3 病肺的边缘常
和周围组织发
生广泛粘连

【防治】

（1）坚持自繁自养，勿从疫区引进羊只；加强饲养管理，增强羊的体质；对从外地引进的羊，严格隔离，检疫无病后方可混群饲养。

（2）本病流行区坚持免疫接种。山羊传染性胸膜肺炎氢氧化铝灭活疫苗，半岁以下羊只皮下或肌内接种3毫升，半岁以上羊接种5毫升；如当地羊群疾病由于羊肺炎支原体所引起，可使用新近研制成的绵羊肺炎支原体灭活疫苗。

（3）羊群发病，及时进行封锁、隔离和治疗。污染的场地、厩舍、饲养用具以及粪便、病死羊的尸体等进行彻底消毒或无害处理。

（4）治疗可选用土霉素，每日每千克体重20～50毫克，分2～3次服完。氯霉素，每日每千克体重30～50毫克，分2～3次服完。3～5日为一疗程。也可使用磺胺类药物进行治疗。

二十三、山羊病毒性关节炎－脑炎

山羊关节炎-脑炎是一种慢性传染病。本病的主要特征是成年山羊呈缓慢发展的关节炎，伴有间质性肺炎或间质性乳腺炎；而2～6月龄的羔羊则表现为上行性麻痹的脑脊髓炎症状。

【病原】

病原为山羊关节炎-脑炎病毒，本病毒在环境中相对较脆弱，

56℃ 1小时可以完全灭活奶中的病毒。

【流行特点】

山羊是本病的主要易感动物，病羊和隐性带毒羊为主要传染源。感染羊可通过粪便、唾液、呼吸道分泌物、阴道分泌物、乳汁等排出病毒，污染环境。病毒主要经吃奶而感染羔羊，污染的牧草、饲料、饮水以及用具可成为传播媒介，消化道是主要的感染途径。各种年龄的羊均有易感性，而以成年羊感染发病居多。本病潜伏期长，感染山羊终生带毒。

【症状】

依据临床表现，一般分为脑脊髓炎型、关节炎型和肺炎型3种病型，多为独立发生。

（1）脑脊髓炎型　潜伏期50～130天。脑脊髓炎型主要发生于2～6月龄山羊羔（图1-23-1）。病初精神沉郁，随即四肢僵硬，共济失调。有些病羊眼球震颤，角弓反张，作圈行运动，有时面神经麻痹，吞咽困难或双目失明。病程半月至数年，最终死亡。

图1-23-1　羔羊呈仰头观天状

（2）关节炎型　关节炎型多发生于1岁以上的成年山羊，多见腕关节肿大（图1-23-2）、跛行。发炎关节周围的软组织水肿，起初发热、疼痛，进而关节肿大，活动不便，常见前肢跪地行走。病羊多因长期卧地、衰竭或继发感染而死亡。病程较长，达1～3年。

图1-23-2 腕关节明显肿大

（3）肺炎型 肺炎型病例在临床上较为少见。患羊进行性消瘦，衰弱，咳嗽，呼吸困难。各种年龄的羊均可发生，病程3～6个月。

除上述3种病型外，哺乳母羊有时发生间质性乳腺炎，乳房硬肿、发红，产奶量减少。

【病理变化】

（1）脑脊髓炎型 小脑和脊髓的白质有5毫米大小的棕红色病灶。

（2）关节炎型 发病关节肿胀、波动，皮下浆液渗出。关节滑膜增厚并有出血点。滑膜常与关节软骨粘连。关节腔扩张，充满黄色或粉红色的液体，内有纤维素絮状物。

（3）肺炎型 肺脏轻度肿大，质地变硬，表面散在灰白色小点，切面呈斑块状实变区（图1-23-3）。

图1-23-3 肺脏轻度肿大，质地变硬

【鉴别诊断】

山羊关节炎-脑炎通常须与梅迪-维斯纳病进行鉴别。自然情况下，山羊关节炎-脑炎只感染山羊，梅迪-维斯纳病主要感染绵羊，也可感染山羊。

【防治】

（1）提倡自繁自养，防止本病由外地传入。

（2）本病目前尚无疫苗和特异性治疗药物可供使用，主要以加强饲养管理和卫生防疫工作为主，羊群定期检疫，及时淘汰阳性羊。

二十四、痒病

痒病又称"驴跑病""摩擦病""瘙痒病"，是成年绵羊和山羊中枢神经受损的一种慢性传染病。临床上以瘙痒、秃毛、共济失调、麻痹为特征，病羊常以死亡告终。

【病原】

病原为痒病因子，痒病病原抵抗力极强，能抵抗常规的消毒药剂和射线，常用的消毒方法有用含5%次氯酸钠溶液、3%十二烷基磺酸钠和5%～10%氢氧化钠溶液浸泡消毒，134～138℃高压蒸汽处理18分钟以上灭菌消毒，焚烧是最好的杀灭方法。

【流行特点】

不同品种、性别的羊均可发生痒病，主要是2～5岁绵羊，通常呈散发性流行。羊群一旦感染痒病，很难根除。病羊和带毒羊是本病的传染源。主要是接触性传染，也可以通过先天性传染，由公羊或母羊传给后代。痒病无季节性，一年四季均可发病。

【临床症状】

潜伏期1～4年，病程为6～8个月。病羊易惊吓、不安或凝视、磨牙，有时表现癫痫状，有的表现为攻击性或离群呆立。最特殊的症状是瘙痒；病羊在硬物上摩擦身体（图1-24-1）。由于不断的摩擦、踢挠和口咬（图1-24-2），引起腹部及后躯的大面积脱毛（图1-24-3）。随着瘙痒的加剧，进食和反刍受到破坏。随着神经症状的加重，行动逐渐不协调，当走动时病羊四肢高抬，步伐很快，表现为共济失调。日渐消瘦，最后不能站立，几乎100%死亡。

图1-24-1 病羊在树干上摩擦身体

图1-24-2 病羊啃咬发痒的皮肤

图1-24-3 腹部及后躯的大面积脱毛

【诊断】

根据瘙痒、不安和运动失调等临床症状，结合是否由疫区引进种羊或父母有痒病史分析。

【鉴别诊断】

（1）羊螨病　用皮肤刮取物涂片，镜检可以发现虫体。

（2）狂犬病　常为急性的性情亢进。

（3）梅迪-维斯纳病　脑组织没有海绵样变性，而是呈现弥漫性脑膜炎变化。

（4）脑包虫病　主要表现为转圈运动。

（5）李氏杆菌病　可以采血液或肝、脾、肾、脑脊髓液、脑的病变组织等做触片或涂片镜检，革兰氏阳性，呈"V"形排列或并列的细小杆菌。

【防治】

（1）预防　预防本病的主要措施是灭蜱，在蜱活动季节，定期对易感动物进行药浴或喷雾杀虫；对痒病、隐性感染羊采取扑杀后焚化。在疫区可以用鸡胚化弱毒疫苗进行接种。

禁止从痒病疫区引进羊、羊肉、羊的精液和胚胎等。禁止用病死羊加工蛋白质饲料，禁止用反刍动物蛋白饲喂羊。

加强对市场和屠宰场肉类的检验，检出的病羊肉必须销毁，不得食用。受感染羊只及其后代坚决扑杀。

定期消毒。常用的消毒方法有：焚烧、5%～10%氢氧化钠溶液作用1小时、5%次氯酸钠溶液作用2小时、浸入3%十二烷基磺酸钠溶液煮沸10分钟。

（2）治疗　本病目前尚无特效疗法。

二十五、小反刍兽疫

小反刍兽疫俗称羊瘟，是由小反刍兽疫病毒引起的一种急性传染病，以发热、口炎、腹泻、肺炎为特征。

【病原】

小反刍兽疫病毒在自然环境下抵抗力较低，50℃ 60分钟即可灭活，但在冷藏和冷冻组织中能存活较长时间，醇、醚和清洁剂可以杀灭，苯酚和2%氢氧化钠都是有效的消毒剂。

【流行特点】

山羊、绵羊均可感染，山羊较为易感，临床症状也较为严重；传染源多为患病动物及其分泌物、排泄物以及被污染的草料、用具和饮水等；该病主要通过直接或间接接触传播，感染途径以呼吸道为主，饮水也可以导致感染。

【症状】

潜伏期4～6天。急性型体温可上升至41℃，并持续3～5天。感染动物烦躁不安，背毛无光，口鼻干燥，食欲减退。在发热的前4天，口腔黏膜充血（图1-25-1），流涎。后期出现带血水样腹泻（图1-25-2），严重脱水，消瘦，随之体温下降。出现咳嗽、呼

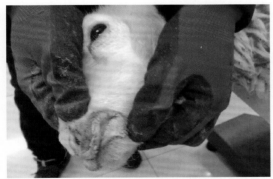

图1-25-1　口腔黏膜充血

图1-25-2　病羊腹泻

吸异常。幼年动物发病率和死亡率都很高，为我国划定的一类传染病。

【病理变化】

可见结膜炎、坏死性口炎。皱胃常常出现有规则、有轮廓的糜烂，黏膜出血（图1-25-3）。肠管可见糜烂或特征性出血，斑马条纹常见于大肠，特别在结肠直肠结合处（图1-25-4）。淋巴结肿大，脾有坏死性病变。在鼻、气管等处有出血斑（图1-25-5），可见典型的支气管肺炎病变（图1-25-6）。

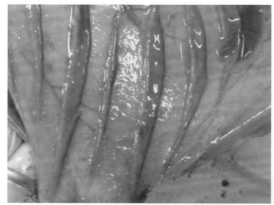

图1-25-3　皱胃黏膜出血

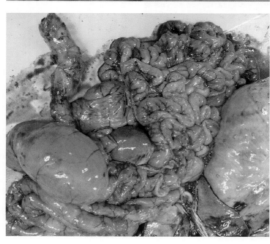

图1-25-4　肠管糜烂出血

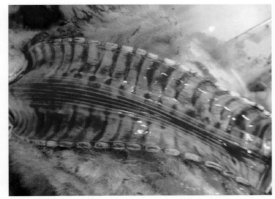

图1-25-5 气管出血

图1-25-6 支气管肺炎

【诊断】

根据流行特点和临床症状，可以作出初步诊断，确诊尚需实验室诊断。

【防治措施】

（1）预防

① 加强免疫工作。免疫时应注意羊群的健康状况，新购进羊群必须隔离观察，确保羊群健康时方可免疫。接种疫苗。按瓶签注明头份，用灭菌生理盐水稀释为每毫升含1头份，每只羊颈部皮下注射1毫升。

② 加强饲养管理。外来人员和车辆进场前应彻底消毒，严禁从疫区引进羊只，对外来羊只，尤其是来源于活羊交易市场的羊

调入后必须隔离观察21天以上，经检查确认健康无病，方可混群饲养。

③ 强化疫情巡查。注意观察羊群健康状况，发现疑似病羊，应立即隔离疑似患病羊，限制其移动，并及时向当地兽医部门报告，对病死羊严格实行无害化处理，禁止出售、加工病死羊。

（2）治疗

① 黄芪多糖100克，银黄可溶性粉100克。每天供100只羊集中饮水，连用7～10天。

② 重者肌内注射阿奇霉素或阿米卡星2支，加地塞米松和利巴韦林。1天2次，连用3～5天。3天后可以看到效果，5天治愈。

③ 使用板蓝根颗粒抗病毒，全群饮水或拌料。3～5天一个疗程，10天后再使用一个疗程。200克兑水250～500千克，或每只羊2～3克。

二十六、破伤风

破伤风又名锁口风、耳直风，是由破伤风梭菌经伤口感染引起的一种急性传染病。其特征为全身或部分肌肉发生痉挛性收缩，肌肉僵硬，出现躯干强直症状。

【病原】

病原为破伤风梭菌，该菌又称强直梭菌，为细长的杆菌，形成芽孢。本菌为厌氧菌，一般消毒药如10%碘酊、10%漂白粉液及30%过氧化氢均能在短时间内杀死。但其芽孢具有很大的抵抗力，煮沸80～90分钟才能杀死。在土壤表层能存活数年。

【流行特点】

本病主要是破伤风梭菌经伤口侵入身体引起，如脐带伤、去势伤、断尾伤、去角伤及其他外伤等。母羊多发生于产死胎和胎衣不下的情况下，由于难产助产中消毒不严格，以致在阴唇结有厚痂的情况下发生本病。也可以经损伤的胃肠黏膜感染。病菌侵入伤口以后，在局部大量繁殖，并产生毒素，危害神经系统。由于本菌为专性厌氧菌，故被土壤、粪便或腐败组织所封闭的伤口，最容易感染和发病。

【症状】

潜伏期5～20天。病羊四肢僵硬，头向后仰，初发病时仅步行稍不自然，不易引起饲养员的特别注意。病势发展时，则双耳直硬，牙关紧闭（图1-26-1），不能吃东西，口腔内黏液多。颈部及背部强硬，头偏于一侧或向后弯曲（图1-26-2）。严重时，体温增高，脉搏细而快，心脏跳动剧烈。病的后期，常因急性胃肠炎而发生腹泻。死亡率很高。扫二维码可观看破伤风的表现。

图1-26-1 病羊全身强直

扫一扫观看羊破伤风的表现（四肢僵硬，头向后仰）

图1-26-2 颈部及背部强直，头向后弯曲

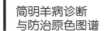
【诊断】

根据典型的临床症状即可做出初步判断。确诊需要从创伤感染部位取材，进行细菌的分离和鉴定，结合动物实验进行诊断。

【防治】

（1）预防

① 防止外伤发生。

② 用破伤风类毒素免疫注射，绵羊及山羊均皮下注射0.5毫升，在发生创伤和手术有感染危险时，再注射1次。

③ 发生外伤时，应及时处理。创伤较大且较深，或在做手术尤其是阉割术时，肌内注射抗破伤风血清1万～3万单位。

（2）治疗　以中和毒素、解痉、消除病原为主，辅以对症治疗。

① 中和毒素　静脉注射抗破伤风血清，羔羊用量10万～20万单位，成年羊用量为20万～40万单位，全量血清分3天注射，也可一次治疗用足全量。同时应用40%乌洛托品，羔羊15毫升，成年羊25毫升，静脉注射，每天1次，连用7～10天。

② 解痉　每只羊用25%硫酸镁溶液20毫升，静脉或肌内注射。

③ 消除病原　先使用抗毒素，而后处理感染创口。充分除去创伤内的脓汁、异物、坏死组织及痂皮等，创伤深、创口小的需扩创，用3%过氧化氢溶液或2%高锰酸钾溶液清洗，再用5%～10%碘酊涂擦，创口内撒布碘仿磺胺粉（碘仿1份，氨苯磺胺9份）。除了局部治疗外，全身用青霉素200万单位肌内注射，每天上午、下午各注射1次，连续1周。

二十七、羊附红细胞体病

羊附红细胞体病是由羊附红细胞体寄生于羊的红细胞表面、血浆及骨髓中引起的一种传染病，主要引起羊的贫血、生长缓慢、母羊的生殖障碍。

【病原】

病原是附红细胞体，属于立克次氏体属。这种多形性微生物呈球形、杆形、环形、三角形及哑铃形，栖息在红细胞表面和血浆中（图1-27-1），呈星芒状。

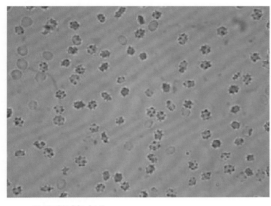

图1-27-1 附红细胞体附着于红细胞表面

【流行特点】

绵羊附红细胞体致病力低，通常在营养不良、微量元素缺乏、蠕虫病和亚急性中毒及虚弱的绵羊，以及网状内皮系统机能不全（如行脾脏摘除术）的绵羊中，才能引起临诊症状和寄生虫血症。本病可通过昆虫叮咬传播。

【症状】

潜伏期4～21天，病羊虚弱、贫血，病羔生长不良（图1-27-2），

图1-27-2 病羔生长不良

有的病例轻度黄疸。血液学检查显示贫血、红细胞数量减少，红细胞表面和血浆中有大量的病原微生物。本病大多是亚临床感染，只有在应激状态下，才可能出现临床症状。高密度饲养、恶劣的气候条件、饲料改变，都可诱发本病的发生。主要发生在临产的母羊和断奶的羔羊。

【病理变化】

剖检时脾脏肿大、血液稀薄、组织黄染，主要以贫血、高热、黄疸为特征。

【诊断】

根据贫血、生长不良，在染色的血液抹片中有许多附红细胞体存在来诊断本病。鉴别诊断需考虑蠕虫病、营养不良和微量元素缺乏。

【防治】

（1）预防　以平衡的和足够的日粮饲养羔羊以及清除内外寄生虫，有助于预防附红细胞体病。进行去势、断尾等外科手术时，要严格消毒器械，以防止人工传播。

（2）治疗

① 贝尼尔（血虫净），按6毫克/千克体重，深部肌内注射，48小时1次，连用3次；同时肌注百克米先5～10毫升，3天注射一次，共2次。

② 解百热＋免疫核糖核酸、高科863分别注射。采取上述两种治疗措施的同时，用0.2%敌百虫喷洒体表进行驱虫，并根据情况进行对症治疗，每日注射复合维生素B用以辅助治疗。对严重病例可静注10%葡萄糖300毫升，加入10%安钠咖5毫升，维生素B_6 5～10毫升；肌注补血素5～10毫升，同时饮水中加入电解多维和口服补液盐。

二十八、羊伪狂犬病

羊伪狂犬病是由伪狂犬病毒引起的急性传染病，以发热、奇痒和神经系统障碍为特征。

【病原】

该病的病原为伪狂犬病病毒，病毒在发病初期存在于血液、乳汁、尿液以及内脏器官中，发病后期主要存在于中枢神经系统。伪狂犬病病毒对外界环境抵抗力强，畜舍内干草上的病毒夏季可存活3天，冬季可存活46天，含毒材料在50%甘油盐水中于4℃左右可保持毒力达3年之久。0.5%石灰乳、2%氢氧化钠溶液、2%福尔马林溶液等可很快使病毒灭活。加热55℃约30分钟死亡。但病毒于0.5%石炭酸溶液中可保持毒力达数十日之久。

【流行特点】

病畜、带毒家畜以及带毒鼠类为本病的主要传染源。感染猪和带毒鼠类是伪狂犬病病毒重要的天然宿主。羊或其他动物感染多与带毒的猪、鼠接触有关。感染动物通过鼻漏、唾液、乳汁、尿液等各种分泌物、排泄物排出病毒，污染饲料、牧草、饮水、用具及环境。本病主要通过消化道、呼吸道途径感染，也可经受伤的皮肤、黏膜以及交配传染，或者通过胎盘、哺乳发生垂直传染。本病一般呈地方性流行或流行性，以冬季、春季发病为多。

【症状】

潜伏期3～7天。病羊体温升高，精神不振，呼吸加快，在眼睑、唇部产生剧痒，常用前肢伏在地上剧烈摩擦，以致奇痒部位出现水肿、脱毛甚至出血（图1-28-1）。病羊目光呆滞，间歇性烦

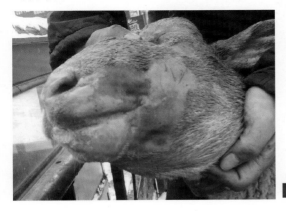

图1-28-1　面部水肿脱毛

躁不安，常转圈鸣叫，运动失调，并伴有磨齿、出汗、强烈喷气及后足用力踏地等神经症状。随着病情发展，肌肉产生痉挛性收缩，四肢无力，咽喉麻痹，鼻腔有浆液性黏性分泌物流出，口腔有泡沫状唾液排出，直至全身衰弱而亡。病程一般为 1～3 天。

【病理变化】

对病死羊剖检可见消化道黏膜出血、充血（图1-28-2），肝脏发暗肿大，胆囊充满墨绿色胆汁，肿大（图1-28-3）；肺有点状出血，肾质地变软，气管有大量泡沫，脾脏多处有出血性梗死，尤其是边缘明显；脑和脑膜出血、充血严重（图1-28-4）。

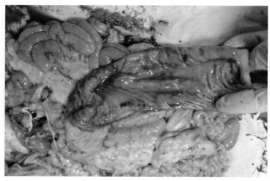

图1-28-2　肠道黏膜出血、充血

图1-28-3　胆囊充满墨绿色胆汁、肿大

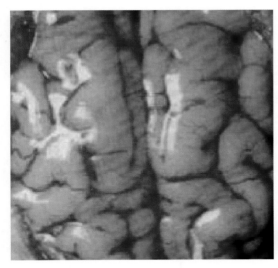

图1-28-4　脑膜充血、出血

【诊断】

根据流行特点、临床症状及剖检病变可初步诊断，确诊需进行实验室检查。采取病羊血液，分离血清做伪狂犬乳胶凝集实验。

该病还需要同狂犬病、李氏杆菌病进行鉴别诊断。患有狂犬病的家畜多有被患病动物咬伤的病史，病羊兴奋时常常带有攻击性行为，病料悬液皮下接种家兔一般不易感染；脑内接种，发病后无皮肤瘙痒症状。患有李氏杆菌病的病羊通常无皮肤瘙痒症状，病料悬液接种家兔不出现特殊的瘙痒症状，病料观察可发现革兰氏阳性的李氏杆菌，血液涂片染色镜检可见单核细胞增多，即可鉴别诊断。

【防治】

（1）预防

① 加强饲养管理，提倡自繁自养，不从疫区引入种羊。

② 消灭牧场内的鼠类，避免与猪接触或混养。发生本病后立即隔离病畜，用2%氢氧化钠溶液或10%石灰乳等消毒药消毒厩舍、污染的环境以及饲管用具等。

③ 淘汰阳性羊只，结合免疫接种，逐步净化羊群，清除本病。

④ 与病羊同群的其他羊只注射免疫血清。发现新病例时，经
2周后再注射1次免疫血清。倘若无新病例出现，应对所有羊只进
行疫苗接种，1～6月龄的羊可2次肌内注射伪狂犬病疫苗，第一
次肌注和第二次肌注的接种量分别为2毫升和3毫升，间隔时间为
6～8天；6月龄以上的羊只第一次和第二次肌注伪狂犬病疫苗的
量都是5毫升，间隔时间为6～8天。

（2）治疗　当前尚无特效药物能够治疗该病。

第二章

寄生虫病

一、血矛线虫病

血矛线虫病是由捻转血矛线虫寄生于羊的皱胃、小肠内引起的，病原体致病力强。

【病原】

捻转血矛线虫呈毛发状，淡红色，头端尖细，内有一角质背矛，雄虫交合伞发达，背肋呈"人"字形（图2-1-1）。雌虫可见红白线条相间，阴门位于虫体后半部，有明显的阴门盖。虫卵无色，随宿主粪便排出，孵出幼虫经蜕皮发育到带鞘的感染性幼虫，羊

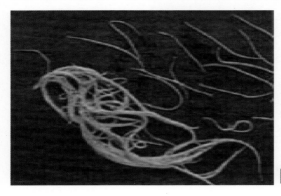

图2-1-1　捻转血矛线虫

随吃草和饮水吞食感染性幼虫而感染，经3～4周发育为成虫。

【流行特点】

多在夏末和早秋季节流行。低湿牧地有利于传播此病，在早晚放牧露水草或小雨后的阴天放牧，羊更易感染。

【症状】

病羊表现为显著贫血，眼结膜苍白，下颌和下腹部水肿，被毛粗乱，消瘦（图2-1-2），精神委顿，严重的卧地不起，或下痢与便秘交替。急性型比较少见，以肥羔羊突然死亡为特征，死羊眼结膜苍白（图2-1-3），高度贫血。病程一般为2～4个月，陷于恶病质而死亡。不死亡者转为慢性，病程长达1年左右。

图2-1-2　病羊贫血、消瘦、下痢

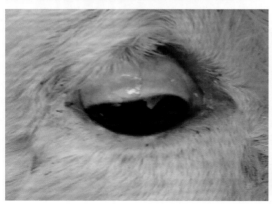

图2-1-3　严重贫血，眼结膜苍白

【病理变化】

剖检可见胸腔及心包积液，皱胃黏膜水肿，有小创伤和溃疡（图2-1-4），大量虫体绞结成一黏液状团块，小肠黏膜卡他性炎症。

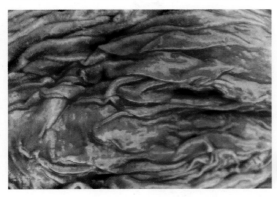

图2-1-4　捻转血矛线虫所致的皱胃出血

【诊断】

羊群中出现上述症状轻重不同的患者，便可怀疑本病。但确诊须经粪便检查虫卵，并进一步做粪便培养检查具有特征的感染性幼虫，或对流行羊群捕杀剖检严重病畜检出虫体。

【防治】

（1）预防　定期预防性驱虫，在春秋季各进行一次，冬季驱杀黏膜内休眠的幼虫，以消除春季排卵高潮，转换放牧场地时应进行驱虫。不在低湿牧地放牧，夏季避免吃露水草。注意饮水卫生，妥善处理粪便。

（2）治疗　丙硫苯咪唑，每千克体重5～10毫克；或左咪唑，每千克体重6～8毫克；或噻苯唑，每千克体重30～70毫克；一次口服。或伊维菌素，每千克体重0.2毫克，一次皮下注射。

二、肝片吸虫病

羊肝片吸虫病是由肝片吸虫寄生于肝脏、胆管内引起的慢性或急性肝炎和胆管炎，同时伴发全身性中毒现象及营养障碍等症状的疾病。

【病原】

　　肝片吸虫呈树叶状。活时为棕红色，固定后为灰白色（图2-2-1）。虫卵呈卵圆形（图2-2-2），黄褐色。卵内充满着卵黄色细胞和1个胚细胞。

图2-2-1　肝片形吸虫的成虫形态

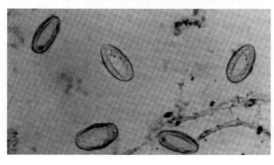

图2-2-2　肝片吸虫的虫卵形态

【流行特点】

　　该病的症状表现因感染强度、羊的抵抗力、年龄、饲养管理条件等不同而异，幼畜轻度感染即表现症状。急性型症状多发生于夏末秋初，是因在短时间内遭受严重感染所致。慢性型症状较多见于患病羊耐过急性期或轻度感染后，在冬春转为慢性。

【症状】

　　急性型病羊，初期发热，衰弱，易疲劳，离群落后；肝区压痛明显；很快出现贫血、黏膜苍白（图2-2-3），严重者在几天内死亡。慢性型病羊，表现为消瘦、贫血、黏膜苍白、食欲不振、异嗜、被毛粗乱无光泽，且易脱落；眼睑、颌下、胸下、腹下出现水肿（图2-2-4）；便秘与下痢交替发生。病情逐渐恶化，最后可因极度衰竭死亡。

图2-2-3　口腔黏膜苍白

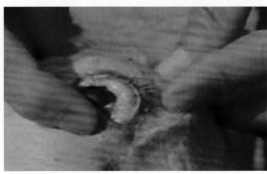

图2-2-4　眼结膜苍白、水肿

【病理变化】

在大量感染、急性死亡的病例中，可见肝肿大，包膜有纤维沉积（图2-2-5）。腹腔中有血红色的液体，有腹膜炎病变。慢性病例在肝组织被破坏的部位呈现淡白色索状瘢痕，肝实质萎缩，褪色，变硬，边缘钝圆。胆管肥厚，呈绳索样突出于肝表面；胆管内有虫体和污浊稠厚的液体。胸腹腔及心包内都蓄积着透明的液体。

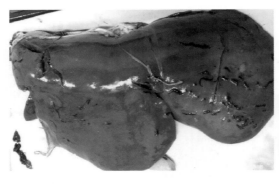

图2-2-5 幼虫所致的纤维
素性肝腹膜炎

【诊断】

简单有效的方法是水洗沉淀法，即由直肠取粪5～10克，加入10～20倍清水混匀后用纱布或通过40～60目筛子过滤，滤液经静置或离心沉淀，倒去上层浑浊液体并再加入清水混匀沉淀，反复进行2～3次，直至上层液体清亮为止，最后倒去上层液体，吸取沉淀物，用显微镜观察有无虫卵。对急性病例，因虫体未发育成熟，粪便检查无虫卵时，必须结合病理剖检，在肝脏和胆管中查找是否有大量童虫存在。

【防治】

（1）预防

① 定期驱虫 驱虫的次数和时间必须与当地的具体情况及条件相结合。每年如进行1次驱虫，可在秋末冬初进行；如进行两次驱虫，另一次驱虫可在翌年的春季。

② 粪便处理 及时对畜舍内的粪便进行堆积发酵，以便利用生物热杀死虫卵。

③ 饮水及饲草卫生 尽可能避免在沼泽、低洼地区放牧，以免感染囊蚴。最好饮用自来水、井水或流动的河水，并保持水源清洁卫生。有条件的地区可采用轮牧方式。

④ 消灭中间宿主 肝片吸虫的中间宿主椎实螺生活在低洼阴湿的地区。消灭中间宿主可结合水土改造，以破坏螺蛳的生活条件。流行地区应用药物灭螺时，可选用1：5000的硫酸铜溶液或

2.5毫克/千克的血防67对椎实螺进行浸杀或喷杀。

（2）治疗（选用下列方法之一）

① 丙硫咪唑（抗蠕敏），驱成虫有良效，剂量为每千克体重5～15毫克，口服。

② 硝氯粉（拜耳9015），驱成虫有高效，剂量按每千克体重4～5毫克，口服。

③ 五氯柳胺，驱成虫有高效；剂量按每千克体重15毫克，口服。

④ 碘醚柳胺，驱成虫和6～12周的未成熟肝片吸虫有效，按每千克体重7.5毫克，口服。

⑤ 双酰胺氧醚，对1～6周龄肝片吸虫幼虫有高效，但随虫龄的增长，药效也随之降低。用于治疗急性肝片吸虫病，剂量按每千克体重7.5毫克，口服。

⑥ 硫双二氯酚（别丁），驱成虫有效，使用后有较强的泻下作用；剂量为每千克体重80～100毫克，口服。

⑦ 四氯化碳，驱成虫效果显著，剂量按成年羊每只2毫升，6～12月龄羊1毫升，与液状石蜡以1：4比例混合灌服；也可按同等剂量以1：1比例与液状石蜡混合后，肌注。

三、莫尼茨绦虫病

羊莫尼茨绦虫病是由莫尼茨绦虫寄生于羊的小肠引起的一种寄生虫病。羔羊感染轻则影响生长发育，重则致死。本病分布广泛。

【病原】

病原为扩展莫尼茨绦虫和贝氏莫尼茨绦虫。扩展莫尼茨绦虫和贝氏莫尼茨绦虫在外观上颇相似，头节小，近似球形，上有4个吸盘，体节宽而短，成节内有两套生殖器官，每侧一套，生殖孔开口于节片的两侧。虫卵内有特殊的梨形器，器内含六钩蚴。

【流行特点】

寄生在羊小肠内的成虫不断随粪便排出含有大量虫卵的孕卵

节片（图2-3-1），向外界散布的虫卵被土壤螨吞食后，在其体内经26～30天发育为似囊尾蚴。土壤螨在黄昏或黎明时从草皮及腐烂植物之下爬出来活动，附着在饲草或地面上（图2-3-2）。当羊吃草或舔土时，吞食了含似囊尾蚴的土壤螨即被感染。似囊尾蚴进入消化道后吸附在羊的小肠黏膜上，经40～50天左右发育为成虫。成虫生存期约2～6个月，此后由肠内自行排出。2～5月龄的羔羊最易受感染，成年羊的感染率很低。春夏多雨季节易感。

图2-3-1 莫尼茨绦虫的孕节部分

图2-3-2 莫尼茨绦虫的生活史

【症状】

轻度感染时不表现症状，重度感染时可见大量虫体结成团阻塞肠道，且由于虫体吸收大量营养，产生毒素，临床表现为食欲减退、口渴、下痢、有时便秘、粪中有孕卵节片、贫血、淋巴结肿大、黏膜苍白、体重减轻，渐而表现弓背，极度沮丧，反应迟钝，最后卧地不起，抽搐，头向后仰或作咀嚼运动，口周围有许多泡沫，衰竭而亡。

【病理变化】

尸检时可见小肠中有数量不等的长1米以上的带状虫体（图2-3-3）。

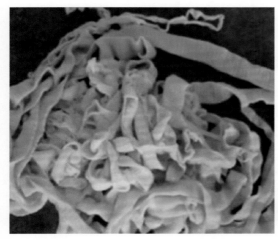

图2-3-3　羊小肠的莫尼茨绦虫

【防治】

（1）预防

① 在多雨潮湿季节，应尽量少喂生长在洼地、沟边或常被羊粪污染的饲草。避免在雨后、清晨或傍晚放牧，使羊减少食入土壤螨的机会。

② 根据本病的流行特点，适时对羊群进行驱虫，必要时进行二次驱虫。驱虫时每只每次可用1%硫酸铜溶液15 ～ 100毫升或砷酸铅0.5克灌服。

（2）治疗（选用下列方法之一）

① 硫双二氯酚，按每千克体重75 ～ 100毫克，配成悬浮液一次灌服。

② 氯硝柳胺（灭绦灵），按每千克体重50 ～ 75毫克，羔羊每只最低剂量1克，配成悬浮液一次灌服。

③ 吡喹酮，按每千克体重10 ～ 20毫克，一次灌服。

④ 1%硫酸铜溶液，1 ～ 3月龄每只15 ～ 25毫升，3 ～ 6月龄30 ～ 40毫升，6月龄以上45 ～ 60毫升，配制时用蒸馏水或事先煮沸过的雨水，且不可用金属器具盛装，现配现用，灌药前12 ～ 24小时停止饮水。

⑤ 苯硫咪唑，按每千克体重5 ～ 10毫克，配成悬浮液一次灌服。

四、泰勒焦虫病

泰勒焦虫病是由泰勒焦虫引起的疾病。虫体进入羊体内后，进入红细胞内寄生，引起各种临床症状和病理变化。6 ～ 8月多发，7月达到高峰。

【病原】

羊泰勒焦虫病的病原体有两种，一种是山羊泰勒焦虫，另一种是绵羊泰勒焦虫，两种都可以感染山羊和绵羊。红细胞染虫率很高，最高可达90%以上。1个红细胞内一般含有1个主体，有时可见2 ～ 3个（图2-4-1）。

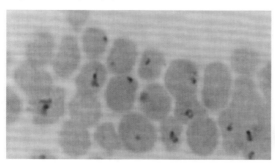

图2-4-1　红细胞内寄生的羊泰勒焦虫

【流行特点】

羊泰勒焦虫病的传播媒介是蜱。该病的发生有一定的季节性，一般在每年的4～5月份和9～10月份发病。羊泰勒焦虫主要危害当年羔羊，以2～6月龄的羔羊为最多。该病发生后，引起羊只大批死亡，周岁以内的羔羊发病率和死亡率较高，2岁以上的成年羊几乎不发病。

【症状】

患羊病初体温升高达41℃，呈稽留热，心律不齐，呼吸困难，精神沉郁，食欲减退，有的腹泻，可视黏膜初期充血，继而出现贫血（图2-4-2），体表淋巴结肿大，尿发黄、浑浊或血尿。病程7～15天。

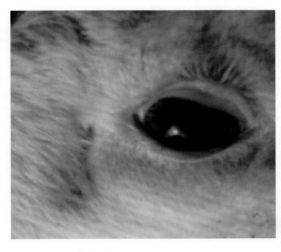

图2-4-2　眼结膜贫血

【病理变化】

肝、脾明显肿大（图2-4-3），并有出血点。肾呈黄褐色，表面有淡黄色或灰白色结节和出血点（图2-4-4）。肺充血水肿（图2-4-5）。膀胱黏膜有散在出血点。皱胃黏膜肿胀。

【诊断】

根据流行病学、临床症状、病理变化作出初步诊断，根据镜检和药物试验确诊。

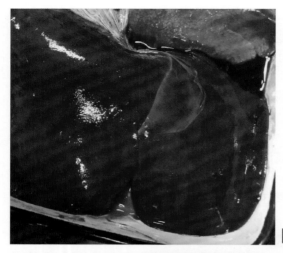

图2-4-3　肝脏肿大

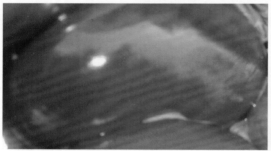

图2-4-4　肾充血水肿

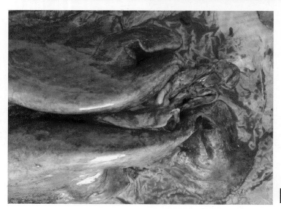

图2-4-5　肺充血水肿

【防治】

（1）预防　本病的传播媒介是血蜱，药物灭蜱是切断传播途径、预防羊焦虫病发生的一种有效措施。

① 每年9～10月份，消灭圈舍内的幼蜱，当羊体上雌蜱全部落地、爬进墙缝准备产卵时，用0.1%敌杀死溶液喷洒圈舍，并用混有0.1%敌杀死的泥土将圈舍内所有洞穴堵死，这样就可以把幼虫闭死在洞穴中。

② 每年5月下旬至6月上中旬间，消灭圈舍内的弱蜱和成蜱，大批弱蜱落地、准备蜕化为成蜱时，再次用0.1%敌杀死溶液喷洒圈舍，并用混有0.1%敌杀死的泥土将圈舍内所有洞穴堵死，将饥饿的成蜱闭死在洞穴中，使其不能传播病原体。

③ 每年的3～5月间和9～10月间，杀灭羊体表上的蜱，用0.1%敌杀死溶液对羊群进行药浴或喷洒，每隔7天药浴或喷洒1次，上半年3次，下半年3次。平时发现羊体表上的蜱时，人工用镊子检下，并收集起来用火烧掉。

④ 加强对从外地调入的羊群（只）检疫，要检查有没有蜱，有时要做灭蜱处理。这样就可以大大减少蜱对羊只的侵袭机会和防止传播本病。

（2）治疗（选用下列方法之一）

① 血虫净，每千克体重7～10毫克，深部肌内注射，每日2次。

② 复方914，每日一次。

③ 复方新矾钠明，每日一次。

五、羊螨病

羊螨病俗称羊疥疮、羊癞，是由螨类（疥螨和痒螨）侵袭而引起的慢性接触性皮肤病，具有高度的传染性，往往在短期内可引起羊群严重感染，危害十分严重。特征为强烈痒觉、脱毛。绵羊多为痒螨病，山羊多为疥螨病。

【病原】

羊螨病的病原是螨。螨分为疥螨和痒螨两类，根据危害及羊种类的不同而称为绵羊疥螨、山羊疥螨、绵羊痒螨、山羊痒螨。
一般称痒螨为吸吮疥虫、疥螨为穿孔疥虫；前者主要危害绵羊，
后者主要危害山羊。螨的虫体为圆形或椭圆形（图2-5-1），呈灰白
色或黄色，由假头部与体部组成，其腹面有足4对；前后各两对。
足分5节，末端有吸盘，也有的没有吸盘。

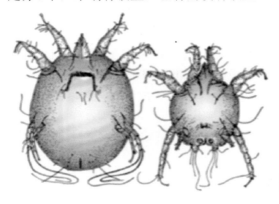

图2-5-1 羊螨

【流行特点】

主要发生于冬季和秋末春初。发病时，疥螨病一般始发于羊
皮肤柔软且短毛的部位，如嘴唇、口角、鼻面、眼圈及耳根部，
以后皮肤炎症逐渐向周围蔓延；痒螨病则起始于被毛稠密和温度、
湿度比较恒定的皮肤部分，如绵羊多发生于背部、臀部及尾根部，
以后才向体侧蔓延（图2-5-2）。

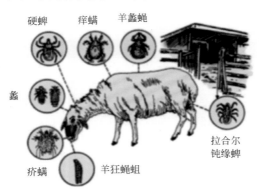

图2-5-2 羊螨的生活史

【症状】

病初，虫体小刺、刚毛和分泌的毒素刺激神经末梢，引起剧痒，羊不断在圈墙、栏柱等处摩擦；在阴雨天气、夜间、通风不好的圈舍及随着病情的加重，痒觉表现更为剧烈，继而皮肤出现丘疹、结节、水疱，甚至脓疮；以后形成痂皮和龟裂（图2-5-3）。特别是绵羊患疥螨病时，病变主要局限于羊的头部（图2-5-4），病变处如干涸的石灰。绵羊感染痒螨后，可见患部有大片被毛脱落（图2-5-5）。患羊因终日啃咬和摩擦患部，烦躁不安，影响正常的采食和休息，日渐消瘦，最终可极度衰竭而死亡。

图2-5-3　绵羊背部皮肤痒螨病变

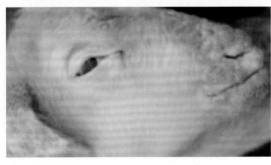

图2-5-4　绵羊唇、鼻与耳部的疥螨病变

【诊断】

根据羊的症状表现及疾病流行情况，对疑病羊刮取皮肤组织查找病原。

【防治】

（1）预防

① 每年定期对羊群进行药浴，可取得预防和治疗的双重效果。

图2-5-5 绵羊痒螨病，被毛脱落

② 对新购入的羊应隔离检查，确定无疥螨寄生后再混群饲养。

③ 圈舍应经常保持干燥、通风，并定期清扫和消毒。

（2）治疗

① 药浴疗法。适用于病羊数量多及气候温暖的季节。大规模药浴之前应对所选药物做小批安全试验，为了避免中毒，必须在晴天进行药浴，浴后将羊放在阴凉处，等药干以后再去放牧，药浴时间为1～2分钟，注意浸泡羊头部，药浴前让羊饮足水，以防误饮药液，通常进行两次，间隔7天。常用药物为0.05%的双甲脒水溶液、0.05%的溴氰菊酯水乳剂。

② 注射疗法。适用于各种情况的螨病治疗，效果良好。常用药物为阿维菌素，剂量为0.2毫克/千克体重，1次皮下注射。本品也有粉剂可供内服和浇泼。

六、肺线虫病

也称肺丝虫病，绵羊和山羊都可感染，各地区常有流行，往往会造成羊只的大量死亡。

【病原】

大型肺线虫（图2-6-1）为大型白色虫体，肠管呈黑色穿行于体内，口囊小而浅。雄虫体长30～80毫米，雌虫体长50～112

毫米。小型肺线虫（图2-6-2）虫体纤细，体长12～28毫米。小型肺线虫不同于大型肺线虫，在发育过程中需要中间宿主的参加。

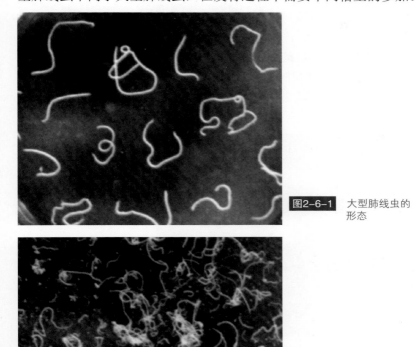

图2-6-1　大型肺线虫的形态

图2-6-2　小型肺线虫的形态

【症状】

羊群遭受感染时，首先个别羊干咳，继而成群咳嗽，运动时和夜间更为明显，呼吸声亦明显粗重。在频繁而痛苦的咳嗽时，常咳出含有成虫、幼虫及成卵的黏液团块。咳嗽时伴发啰音和呼吸急促，鼻孔中排出黏稠分泌物，干涸后形成鼻痂，从而使呼吸更加困难。病羊常打喷嚏，逐渐消瘦，贫血，头、胸及四肢水肿，被毛粗乱。羔羊症状严重，死亡率也高。羔羊轻度感染或成年羊感染时的症状表现较轻。小型肺线虫单独感染时，病情表现比较缓慢，只是在病情加剧或接近死亡时，才明显表现为呼吸困难、干咳或呈暴发性咳嗽。

【病理变化】

可见有不同程度的肺膨胀不全和肺气肿（图2-6-3），肺表面隆起，呈灰白色，触摸时有坚硬感；支气管中有黏性或脓性混有血丝的分泌团块和肺线虫（图2-6-4）。气管内分泌物增多，见有肺线虫（图2-6-5）。

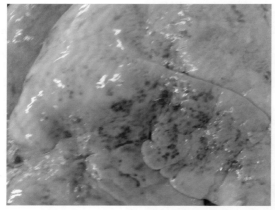

图2-6-3 肺气肿

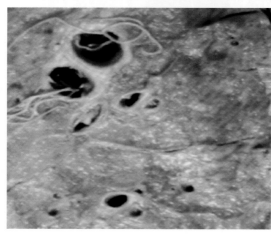

图2-6-4 支气管中的肺线虫

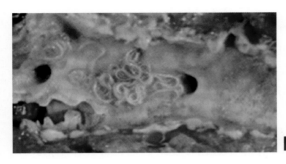

图2-6-5　气管中的肺线虫

【诊断】

根据临床症状、检查幼虫和尸体剖检做出诊断。

【防治】

（1）预防

① 改善饲养管理，提高羊的健康水平和抵抗力，可缩短虫体寄生时间。

② 在本病流行区，每年春秋两季（春季在2月，秋季在11月为宜）进行两次以上定期驱虫，驱虫治疗期应将粪便进行生物热处理。

③ 加强羔羊的培育，羔羊与成羊分群放牧，并饮用流动水或井水；有条件的地区，可实行轮牧；避免在低洼沼泽地区放牧；冬季应予适当补饲。

（2）治疗（选用下列方法之一）

① 驱虫净，每千克体重10～20毫克，灌服；肌内或皮下注射，按每千克体重10～12毫克。

② 左旋咪唑，每千克体重8毫克，灌服；肌内或皮下注射，按每千克体重5～6毫克。

③ 丙硫苯咪唑，每千克体重5～10毫克，灌服。

④ 苯硫咪唑，每千克体重5毫克，灌服。

⑤ 氰乙酰肼（网尾素），按每千克体重20毫克，灌服，每天1次，连用3～5天；或每千克体重15毫克，皮下或肌内注射。

⑥ 亚砜咪唑，按每千克体重5毫克，灌服。

七、羊球虫病

羊球虫病是由球虫寄生于羊肠道所引起的一种原虫病，发病羊只呈现腹泻、消瘦、贫血、发育不良等症状，严重者衰竭而死亡，1～3月龄的羊羔发病率和死亡率较高。

【病原】

球虫的发育无需中间宿主，当羊吞食了具有感染性的卵囊（图2-7-1）后，在肠道中子孢子逸出，在小肠内进行裂体生殖，产生裂殖子（图2-7-2），裂殖子发育到一定阶段，形成大、小配子体，大、小配子体结合为卵囊，排出体外，在适宜的环境下形成孢子化的卵囊，即具有感染性。成年羊感染不发病，2～6月龄的羔羊易发病。主要经消化道感染。

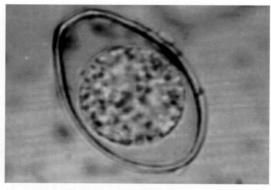

图2-7-1 肠艾美耳球虫的卵囊

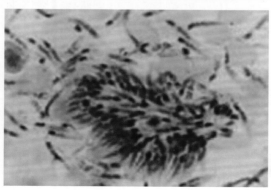

图2-7-2 肠艾美耳球虫的裂殖子

【流行特点】

各种品种的绵羊、山羊对球虫均有易感性，但山羊感染率高于绵羊；1岁以下的感染率高于1岁以上的，成年羊一般都是带虫者。流行季节多为春、夏、秋三季，冬季气温低，不利于卵囊发育，很少发生感染。本病的传染源是病羊和带虫羊，卵囊随羊粪便排至外界，污染牧草、饲料、饮水、用具和环境，经消化道使健康羊获得感染。

【症状】

病羊食欲不振，轻度感染者排软便，严重感染者病初体温升高，后下降，表现为急剧下痢，排恶臭的血便，继之贫血、消瘦、腹痛。羔羊如不及时治疗，死亡率较高。耐过羊可产生免疫力。

【病理变化】

剖检病死羊，可见肠系膜淋巴结索状肿胀，苍白色或浅黄色（图2-7-3）。肠道黏膜上有淡白或黄色卵圆形结节，十二指肠和回肠有卡他性炎症，呈点状或带状出血。

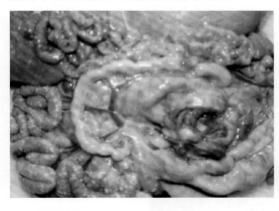

图2-7-3　肠系膜淋巴结肿大，呈灰黄色

【防治】

（1）预防

① 由于孢子化的卵囊对外界的抵抗力很强，一般对圈舍和用具使用70～80℃3%的热碱水消毒，必要时采用火焰消毒。

② 成年羊和幼年羊分开饲养，给予良好的营养，增强机体的

抵抗力。

（2）治疗（选用下列方法之一）

① 盐霉素，按每天每千克体重0.33～1.0毫克混饲，连喂2～3天。

② 氨丙啉，按每天每千克体重145毫克混饲，连喂2～3周。

③ 对急性病例用磺胺二甲氧嘧啶，按每天每千克体重50～100毫克，服用4～5天。

八、脑多头蚴病

羊脑多头蚴病又称脑包虫病，是脑多头蚴寄生于羊的脑或脊髓而引起的一系列神经症状的严重寄生虫病。

【病原】

脑多头蚴为乳白色半透明囊泡，圆形或卵圆形（图2-8-1），豌豆大到鸡蛋大，囊壁上有集成簇的许多原头蚴，囊内充满液体。羊吞食多头带绦虫虫卵而受感染，六钩蚴钻入肠黏膜，随血流到达脑、脊髓中，经2～3个月发育为多头蚴（图2-8-2）。

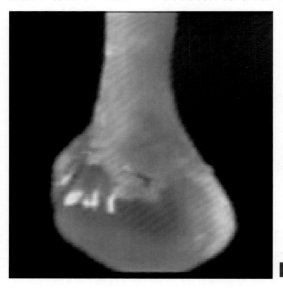

图2-8-1　脑多头蚴

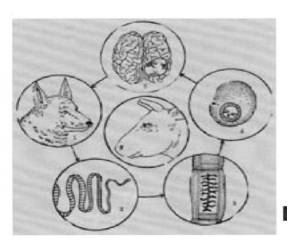

图2-8-2　羊脑多头蚴的生活史

【流行特点】

是常见的一种羊寄生虫病，成虫寄生于犬、狼、狐、豺等肉食兽的小肠，多发于犬活动频繁的地方。容易侵袭1～2岁的绵羊和山羊。一年四季都有感染可能。

【症状与病变】

感染2～7个月后出现典型症状，呈现异常运动和异常姿势。虫体寄生在一侧脑半球表面时（图2-8-3），头倾向患侧，并向着患

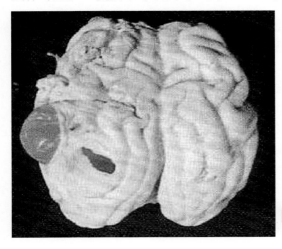

图2-8-3　多头蚴寄生在一侧脑半球

侧大脑半球方向做圆周运动，对侧眼失明。虫体寄生在脑前部时，头低垂抵于胸前或高举前肢步行或猛冲向前，遇障碍物后倒地或静立不动。虫体寄生在小脑时，易惊恐、步态蹒跚、平衡失调、痉挛等。虫体寄生在腰部脊髓时，后躯及盆腔脏器麻痹，最后死于高度消瘦或重要神经中枢受害。

【诊断】

根据其特殊的症状、病史做出初步判断。剖检病畜查虫体确诊。

【防治】

（1）预防本病应对牧羊犬定期驱虫，排出的犬粪和虫体应深埋。对野犬、狼等终宿主应予以捕杀，防止犬吃到含脑多头蚴的羊等的脑和脊髓。

（2）施行手术摘除，但脑后部及深部寄生者则较困难。近年来用吡喹酮和丙硫咪唑进行治疗可获得较满意的效果。

九、羊鼻蝇蛆病

羊鼻蝇蛆病是由羊鼻蝇的幼虫寄生在羊的鼻腔及附近腔窦内所引起的疾病。羊鼻蝇主要危害绵羊，对山羊危害较轻。病羊表现为精神不安，体质消瘦，甚至发生死亡。

【病原】

羊鼻蝇的成虫体长10～12毫米，淡灰色，形状似蜜蜂（图2-9-1）。第3期幼虫背面隆起，腹面扁平，长28～30毫米。

【症状】

羊鼻蝇幼虫进入病羊鼻腔、额窦及颌窦后（图2-9-2），在移行过程中，由于口前钩和体表小刺损伤黏膜引起鼻炎；鼻液初为浆液性，后为黏液性和脓性，有时混有血液（图2-9-3）；当大量鼻漏干涸在鼻孔周围形成硬痂时，使羊呼吸困难。病羊不安，打喷嚏，摇头，摩鼻，眼睑浮肿，流泪，食欲减退，日渐消瘦。当个别幼虫进入颅腔损伤了脑膜或因鼻窦发炎而波及脑膜时，可引起神经症状，表现为运动失调，旋转运动，头弯向一侧或发生麻痹；最后，病羊食欲废绝，因极度衰竭死亡。

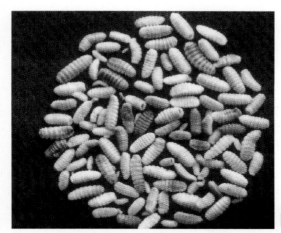

图2-9-1　羊鼻蝇的幼虫

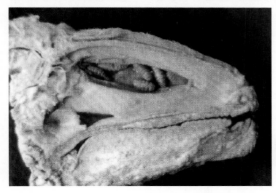

图2-9-2　羊上颌窦的纵切
面，大量鼻蝇蛆
寄生

图2-9-3　鼻蝇蛆的羊

【诊断】

该病在羊生前诊断，可在早期用药液喷射鼻腔查找有无死亡的幼虫排出；死后剖检，如在鼻腔、鼻窦或额窦内发现羊鼻蝇幼虫，亦可确诊。

【防治】

该病防治应以消灭第一期幼虫为主要措施。各地应根据不同气候条件和羊鼻蝇的发育情况，确定防治的时间，一般在每年11月份进行为宜，可选用下列药物。

（1）精制敌百虫

① 按每千克体重0.12克，配成2%溶液，灌服。

② 取精制敌百虫60克、95%酒精31毫升，在瓷容器内加热后，加入31毫升蒸馏水，再加热至60～65℃，待药完全溶解后，加水至总量100毫升，经过滤后即可注射。剂量为，羊体重10～20千克用0.5毫升，20～30千克用1毫升，30～40千克用1.5毫升，40～50千克用2毫升，50千克以上用2.5毫升。

（2）敌敌畏

① 每千克体重5毫克，每日1次，连用2天。

② 常用于大面积防治，按室内空间每立方米用80%敌敌畏0.5～1毫升。吸雾时间应根据小群羊安全试验和驱虫效果而定，一般不超过1小时。

③ 用1%敌敌畏软膏，在成蝇飞翔季节涂擦良种羊的鼻孔周围，每5天1次，可杀死雌虫产下的幼虫。

十、血吸虫病

羊血吸虫病是血吸虫寄生在羊门静脉、肠系膜静脉和盆腔静脉内，导致病羊贫血、消瘦、生长发育受阻，甚至死亡等的一种疾病。

【病原】

血吸虫雌雄异体，体为长圆柱形。雄虫粗短，呈乳白色。在虫体前端有口吸盘，腹吸盘与口吸盘相距较近，雄虫体壁自腹吸盘后方至尾部两侧向腹面卷起形成抱雌沟，通常雌虫在沟内呈合抱状态。雌虫一般呈暗褐色，虫体为椭圆形，前端细小，后端粗圆。虫体中部偏后方两肠管合并处前方是卵巢。虫卵呈短卵圆形，淡黄色。

【流行特点】

血吸虫的中间宿主为椎实螺，该病多发于夏、秋季节。该病感染途径为血吸虫尾蚴钻入羊的皮肤，也可经吞食含有尾蚴的水、草而感染。

【症状】

羊感染血吸虫病后一般在病初症状较轻，多呈慢性经过，具体表现为病羊颌下、腹下部水肿，腹围增大，贫血，黄疸，消瘦，幼羊生长发育受阻，母羊繁殖性能下降并导致流产，如突然感染尾蚴时，才呈急性发作，表现腹泻，体温升高，精神沉郁，呼吸困难，粪便中混有黏液、血液，可导致不孕或流产。

【病理变化】

剖检可见尸体明显消瘦、贫血（图2-10-1），腹腔内常有大量腹水。在感染数千条以上的病例，其肠系膜及大网膜均有明显的胶样浸润，更严重的可以波及到胃肠壁的浆膜层。小肠黏膜上可见有出血点或坏死灶。肠系膜淋巴结普遍地表现水肿。肝组织出现程度不同的结缔组织化。肝脏质地变硬，在肝表面可以见到灰白色网状组织的凹陷纹理，而使肝表面低洼不平，并且散布着大

图2-10-1　尸体明显消瘦、贫血

小不等的灰白色坏死结节（图2-10-2）。肝脏在初期多表现为肿大，后期多表现为萎缩，被膜增厚，呈灰白色。

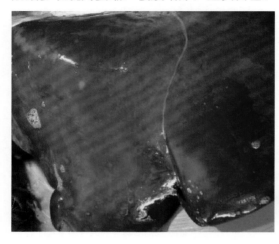

图2-10-2　肝脏表面散布着大小不等的坏死结节

【诊断】

对羊血吸虫病的实验室诊断方法有两种，即病原学诊断和PCR诊断。

【防治】

（1）预防　在4、5月份和10、11月份定期驱虫，病羊要淘汰。结合水土改造工程或用灭螺药物杀灭中间宿主，阻断血吸虫的发育途径。疫区内粪便进行堆肥发酵和制造沼气，既可增加肥效，又可杀灭虫卵。选择无螺水源，实行专塘用水，以杜绝尾蚴的感染。

（2）治疗（选用下列方法之一）

① 硝硫氰胺，按千克体重4毫克，配成2%～3%水悬液，颈静脉注射。

②吡喹酮，按每千克体重30～50毫克，1次口服。

③ 敌百虫，绵羊按每千克体重70～100毫克，山羊按每千克体重50～70毫克，灌服；

④ 六氯对二甲苯，按每千克体重200～300毫克，灌服。

十一、住肉孢子虫病

住肉孢子虫病是绵羊的一种慢性疾病，以心肌与骨骼肌中形成包囊为特征。本病在所有品种和性别的绵羊均可发生，但在4 ～ 7岁的绵羊中传染更为广泛。

【病原】

住肉孢子虫主要寄生在羊的心肌、食道和骨骼肌（图2-11-1，图2-11-2），在肌肉内形成椭圆形包囊，成熟时含有数百个裂殖子，长达1厘米。

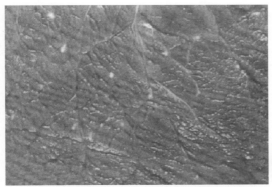

图2-11-1 骨骼肌中寄生的住肉孢子虫

图2-11-2 食道外膜寄生的住肉孢子虫

【流行特点】

当犬和猫吃了绵羊和牛肌肉中的住肉孢子虫后，经7 ～ 10天住肉孢子虫的孢子囊由粪便中排出。当绵羊吃下犬、猫粪中的孢子囊时，住肉孢子虫裂殖体和包囊便在羊的肌肉中形成。这说明住肉孢子虫是一种2个宿主的寄生虫，它在草食动物肌肉中经历裂殖生殖，在肉食动物肠道中进行孢子生殖。

【症状】

轻度感染不显症状。严重感染时，羊表现不安，无力，肌肉僵硬，食欲不振，发热，贫血，淋巴结肿大，腹泻，发育不良，有的跛行，后肢瘫痪，共济失调。母羊可引起流产。部分严重病羊可发生死亡。

【病理变化】

剖检时，食道、腹部、膈脚和腰肌中有椭圆形、灰色、坚硬的包囊。

【诊断】

食道、腹部、膈脚和腰肌中有椭圆形、灰色、坚硬的包囊可以做出初步诊断，由包囊切片或抹片中裂殖子的鉴定可进一步确诊。

【防治】

（1）预防　肉食动物必须与草食动物及禽类分饲，并减少接触；加强环境卫生管理，不要用生肉饲喂动物，杀灭鼠类。

（2）治疗　目前尚无可杀灭虫体的有效药物。在生产中试用灭虫丁注射液，每千克体重200微克，肌内注射；其后，隔5天，再用吡喹酮，每千克体重20毫克，灌服，并补饲生长素添加剂，可使患羊康复。

十二、棘球蚴病

棘球蚴病也叫囊虫病或包虫病。本病是一种人兽共患的绦虫蚴病，它不仅危害畜牧业，而且对公共卫生有很大影响。发生本病后，可使幼羊发育缓慢，成年羊的毛、肉、奶的数量减少，质量降低，造成严重的经济损失。

【病原】

病原棘球蚴是犬细粒棘球绦虫的幼虫期。细粒棘球绦虫寄生在犬、狼及狐狸的小肠里，虫体很小。棘球蚴寄生于羊的肝脏、肺脏以及其他器官，形态多种多样，大小不一。

【流行特点】

终末宿主狗、狼、狐狸把含有细粒棘球绦虫的孕卵节片和虫卵随粪排出，污染牧草、牧地和水源。当羊只通过吃草饮水吞下虫卵后，卵膜因胃酸作用被破坏，六钩蚴逸出，钻入肠黏膜血管，随血流达到全身各组织，逐渐生长发育成棘球蚴，最常见的寄生部位是肝脏和肺脏。如果终末宿主吃了含有棘球蚴的器官，经2.5～3个月就在肠道内发育成细粒棘球绦虫，并可在宿主肠道内生活达6个月之久（图2-12-1）。

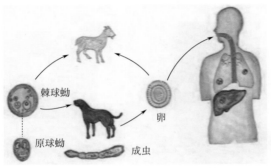

图2-12-1　棘球蚴的生活史

【症状】

严重感染时，有长期慢性的呼吸困难和微弱的咳嗽。当肝脏受侵袭时，羊表现疼痛。当肝脏容积极度增加时，可观察右侧腹部稍有膨大。绵羊严重感染时，营养不良，被毛逆立，容易脱落。有特殊的咳嗽，当咳嗽发作时，病羊躺在地上。

【病理变化】

剖检病变主要表现在虫体经常寄生的肝脏和肺脏。可见肝肺表面凹凸不平，重量增大，表面有数量不等的棘球蚴囊泡突起（图2-12-2）；肝脏实质中亦有数量不等、大小不一的棘球蚴囊泡（图2-12-3）。棘球蚴内含有大量液体，液体沉淀后，可见有大量包囊砂。有时棘球蚴发生钙化和化脓。有时在心（图2-12-4）、脾、肾、脑、脊椎管、肌内、皮下亦可发现棘球蚴。

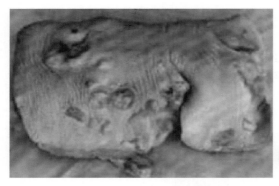

图2-12-2 肝脏表面的棘球蚴

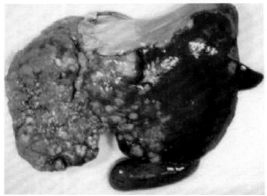

图2-12-3 肝脏实质的棘球蚴

图2-12-4 心脏的棘球蚴

【诊断】

严重病例可依靠症状诊断，或用X光和超声检查进行确诊。

【防治】

尚无有效疗法。患棘球蚴病畜的脏器一律进行深埋或烧毁，以防被犬或其他肉食兽吃入；做好饲料、饮水及圈舍的清洁卫生工作，防止犬粪污染。驱除犬的绦虫，要求每个季度进行一次，驱虫药用氢溴酸槟榔碱时，剂量按每千克体重1～4毫克，绝食12～18小时后口服；也可选用吡喹酮，剂量按每千克体重5～10毫克口服。服药后，犬应拴留1昼夜，并将所排出的粪便及垫草等全部烧毁或深埋处理，以防病原扩散传播。

十三、细颈囊尾蚴病

细颈囊尾蚴病是寄生于犬和野狼、狐等肉食动物小肠内的带科、泡状带绦虫的幼虫-细颈囊尾蚴，寄生在羊的腹膜、大网膜、肝脏与膈等处所引起的寄生虫病。

【病原】

病原为细颈囊尾蚴，寄生于感染动物的肠系膜上，有时寄生于肝脏表面。寄生数目不等，有时可达数十个，一般为豌豆到鸡蛋大，白色，囊内充满透明液体，在囊泡上长有一个像高粱粒大的白色颗粒，就是向内凹陷的头节。其成虫为白色或淡黄色。虫卵呈无色透明的圆形或椭圆形，薄而脆弱，内有六钩蚴虫。

【流行特点】

羊感染细颈囊尾蚴，系由于感染有泡状带绦虫的犬、狼等动物的粪便中排出有绦虫的节片或虫卵，它们随着终末宿主的活动污染了牧场、饲料和饮水。细颈囊尾蚴对羔羊致病力强，往往由于六钩蚴虫移行至肝脏时，形成孔道形成急性肝炎。

【症状】

本病主要危害幼龄羊，成年羊群常仅为带虫者。病羊身体日渐消瘦，被毛逆立而无光泽，眼结膜及皮肤的颜色日益变淡，在出牧过程中常常行动落后，平时往往舔食粪尿和其他污物，表现异嗜。病情严重时，患羊精神不振，采食和饮水减少，喜卧，生长发育缓慢，在寒冷季节和饲料单一而营养不足的情况下，容易发生死亡。

【病理变化】

剖检病死羊，很容易在其腹腔的肝脏（图2-13-1）、大网膜（图2-13-2）、肠系膜（图2-13-3）、腹膜（图2-13-4）、横膈膜及骨盆腔脏器外面等处发现呈"水铃铛"样的细颈囊尾蚴。该虫体呈乳白色囊泡状，在羊腹腔内寄生的数量不一，多者可达十几个或更多。虫体大小不等，常见其小者如豌豆大，大者如鸡蛋大。病死的羊，皮下脂肪减少，肌肉颜色变淡，血液稀薄，在皮下或肌间往往出现胶样浸润。

图2-13-1　肝脏上寄生的细颈囊尾蚴

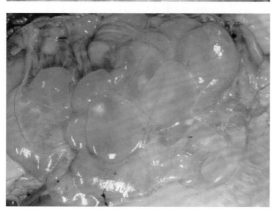

图2-13-2　大网膜上寄生的细颈囊尾蚴

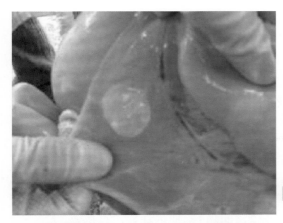

图2-13-3　肠系膜上寄生的细颈囊尾蚴

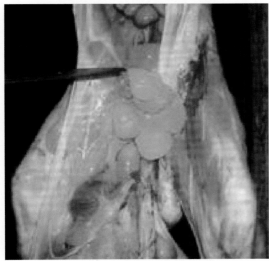

图2-13-4　腹膜上寄生的细颈囊尾蚴

【诊断】

根据病理变化，在网膜、肠系膜和胃肠浆膜等腹腔浆膜上可见的囊尾蚴囊泡。

【防治】

（1）预防　犬进行定期检查和驱虫，可选用以下几种药物。

① 氢溴酸槟榔碱，犬按1毫克/千克体重，停食12～13小时，

以肠衣片经口给药。

②盐酸丁奈脒，按25～50毫克/千克体重，停食3～4小时，口服，用前不得将药捣碎或溶于水，否则会引起中毒。

③硫酸双氯酚，按200毫克/千克体重，1次口服。

④丙硫咪唑，按400毫克/千克体重，1次口服。

中间宿主的家畜屠宰后，应加强肉品卫生检验，检出细颈囊尾蚴及其寄生的内脏需进行无害处理。严禁犬进入屠宰场，更不能将病畜内脏喂犬。采取可行方法灭蝇。

（2）治疗（选用下列方法之一）

①吡喹酮，以每千克体重50毫克内服，可杀死细颈囊尾蚴。

②10%液体石蜡，分2次间隔1天肌内注射，有良效。

十四、弓形体病

羊弓形体病是弓形虫引起的一种人兽共患病，特征是流产、死胎和产出弱羔。

【病原】

弓形虫属于孢子虫纲的原生动物，它是一种细胞内寄生虫，在巨噬细胞、各种内脏细胞和神经系统内繁殖。根据弓形虫发育的不同阶段，将虫体分为速殖子、包囊、裂殖体、配子体和卵囊5种类型。前两型在中间宿主体内发育，后三型在终末宿主猫体内发育。

【流行特点】

本病的感染与季节有关，7～9月检出的阳性率较3～6月为高。因为7～9月的气温较高，适合于弓形虫卵囊的孵化，这就增加了感染的可能性。

【症状及病理变化】

大多数成年羊呈隐性感染，主要表现为妊娠羊于正常分娩前4～6周出现流产（图2-14-1），流产时约一半的胎膜有病变，胎盘绒毛叶呈暗红色，中间有许多直径为1～2毫米的白色坏死灶。产出的死羔皮下水肿（图2-14-2），体腔积液，肠内充血，尤其是小脑前部有广泛性非炎症性小坏死点。表现呼吸困难，咳嗽，流泪，流涎，流鼻液，走路摇摆，运动失调，视力障碍，体温升高。剖检可见淋巴结肿大，边缘有小结节。肺表面有散在出血点。

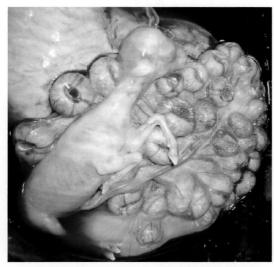

图2-14-1　妊娠羊流产

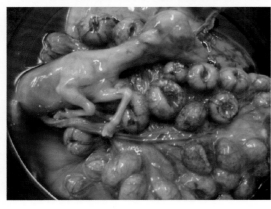

图2-14-2　产出的死羔皮下水肿

【诊断】

患羊便秘或下痢，精神高度沉郁，呼吸极度困难，呈现痉挛或麻痹，卧地不起等症状。

【防治】

（1）预防　做好畜舍卫生工作，防止饮水、饲料、饲草被猫的排泄物污染。对羊的流产胎儿及其排泄物要进行无害化处理。

（2）治疗　急性病例可应用磺胺类药物，与抗菌增效剂联合使用效果更好，也可使用四环素类抗生素或螺旋霉素等。

第三章

内科病

一、口炎

口炎是口腔黏膜炎症的总称。其病演变过程有单纯性局部炎症和继发性全身反应等。

【病因】

原发性口炎由外伤引起，如采食尖锐的植物枝杈、秸秆，误饮氨水，舔食强酸、强碱等。继发性口炎多发生于羊患口疮、口蹄疫、羊痘、霉菌性口炎，过敏反应和羔羊营养不良。

【症状及病理变化】

原发性口炎病羊常采食减少或停止，口腔黏膜潮红、肿胀、疼痛、流涎，甚至糜烂、出血和溃疡（图3-1-1），口臭，全身变化不大。

继发性口炎多见有体温升高的全身反应。如羊口疮时，口腔黏膜以及上下唇、口角处呈现水疱疹和出血干痂样坏死（图3-1-2）；口蹄疫时，除口腔黏膜发生水疱及烂斑外，趾间及皮肤也有类似病变；羊痘时除口黏膜有典型的痘疹外，在乳房、眼角、头部、腹下皮肤处亦有痘疹。

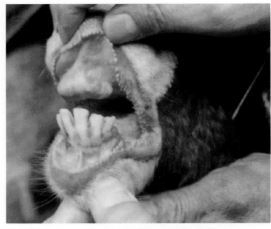

图3-1-1　口腔黏膜潮红、糜烂

图3-1-2　嘴唇上的痘疱

　　霉菌性口炎，常有采食发霉饲料的病史，除口腔黏膜发炎外，还表现下泻、黄疸等过程。

　　过敏反应性口炎，多与突然采食或接触某种过敏原有关，除口腔有炎症变化外，在鼻腔、乳房、肘部和股部内侧等处见有充血、渗出、溃烂、结痂等变化。

【诊断】

根据其特殊的症状、病史做出判断。

【防治】

加强管理，防止因口腔受伤而发生原发性口炎。宜用2%碱水刷洗消毒饲槽，饲喂青嫩或柔软的青干草。对传染病合并口腔炎症者，宜隔离消毒。轻度口炎，可用0.1%雷佛奴尔液或0.1%高锰酸钾液冲洗，亦可用20%盐水冲洗；发生糜烂及渗出时，用2%明矾液冲洗；有溃疡时，用1∶9碘甘油或用蜂蜜涂擦。全身反应明显时，用青霉素40万～80万单位，链霉素100万单位，1次肌内注射，连用3～5日；亦可服用磺胺类药物。中药疗法，可口衔冰硼散、青黛散，每日1次。

二、食道阻塞

食道阻塞是食道内腔被食物或异物堵塞而发生的以咽下障碍为特征的疾病。

【病因】

该病主要由于过度饥饿的羊吞食了过大的块根饲料，未经充分咀嚼而吞咽，阻塞于食道某一段而引起。例如，吞进大块萝卜、西瓜皮、洋芋、玉米棒、包心菜根及落果等。亦见有误食塑料袋、地膜等异物造成食道阻塞的。继发性食道阻塞常见于食道麻痹、狭窄和扩张。

【症状及病理变化】

该病一般多突然发生。一旦阻塞，病羊采食停止，头颈伸直，伴有吞咽和作呕动作；口腔流涎，骚动不安；或因异物吸入气管，引起咳嗽。当阻塞物发生在颈部食道时，局部突起，形成肿块，手触可感觉到异物形状（图3-2-1）；当发生在胸部食道时，病羊疼痛明显，并可继发瘤胃臌气。食道阻塞时，如有异物吸入气管可发生异物性气管炎和异物性肺炎。

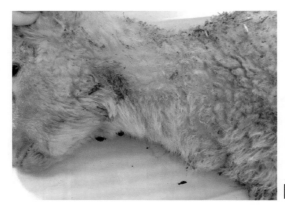

图3-2-1　食道阻塞

【诊断】

食道阻塞分完全阻塞和不完全阻塞，使用胃管探诊可确定阻塞的部位。完全阻塞，水和唾液不能下咽，从鼻孔、口腔流出，在阻塞物上方部位可积存液体，手触有波动感。不完全阻塞，液体可以通过食道，而食物不能下咽。

诊断时，应注意与咽炎、急性瘤胃臌气、口腔疾病相区别。

【防治】

（1）吸取法　阻塞物如为草料食团，可将羊保定好，插胃管后用橡皮球吸取水注入胃管，在阻塞物上部或前部软化阻塞物，反复冲洗，边注入边吸出，反复操作，直至食道畅通。

（2）胃管探送法　阻塞物在近贲门部位时，可先将2%普鲁卡因溶液5毫升、石蜡油30毫升混合后，用胃管送至阻塞部位，待10分钟后，再用硬质胃管推送阻塞物进入瘤胃中。

（3）砸碎法　当阻塞物易碎、表面光滑并阻塞在颈部食道时，可在阻塞物两侧垫上软垫，将一侧固定，在另一侧用木槌或拳头砸（用力要均匀），使其破碎后咽入瘤胃。

治疗中若继发瘤胃臌气，可施行瘤胃放气术，以防病羊发生窒息。

为了预防该病的发生，应防止羊偷食未加工的块根饲料；补喂家畜生长素制剂或饲料添加剂；清理牧场、厩舍周围的废弃杂物。

三、瘤胃积食

羊瘤胃积食是指瘤胃充满饲料，致使瘤胃体积增大，胃壁扩张，食糜滞留在瘤胃内。该病临床特征为反刍，嗳气停止，瘤胃坚实，腹痛，瘤胃蠕动极弱或消失。

【病因】

羊吃了过多的质量不良、粗硬易膨胀的饲料，如块根类、豆饼、霉败饲料等，或采食干料而饮水不足等。当前胃弛缓、瓣胃阻塞、创伤性网胃炎、腹膜炎、皱胃炎、皱胃阻塞等也可导致瘤胃积食的发生。

【症状及病理变化】

病羊在发病初期，食欲、反刍、嗳气减少或停止；鼻镜干燥，排粪困难，腹痛不安，摇尾，弓背，回头顾腹（图3-3-1），呻吟咩叫；呼吸急促，脉搏加快，结膜发绀；瘤胃胀满、硬实（图3-3-2）。后期由于过食造成胃中食物腐败发酵，导致酸中毒和胃炎（图3-3-3），精神极度沉郁，全身症状加剧，四肢颤抖，常卧地不起，呈昏迷状态。

图3-3-1 病羊回头顾腹

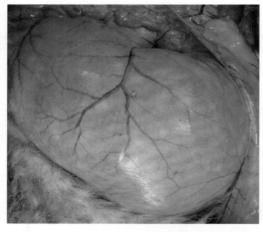

图3-3-2 瘤胃膨胀、积食

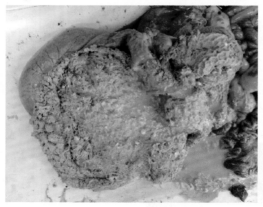

图3-3-3 瘤胃酸中毒

【诊断】

根据临床症状、病史做出判断。

【防治】

（1）预防

① 加强饲养管理。饲草、饲料过于粗硬，要经过加工再喂，注意预防羊贪食与暴食。

② 对病羊加强护理，停喂草料，待积去胀消、反刍恢复后，喂给少量易于消化的干青草，逐步增量；反刍正常后，方可恢复

正常饲喂。治疗期间给温盐水饮用。

（2）治疗 应消导下泻，止酵防腐，纠正酸中毒，健胃补液。

① 消导下泻，石蜡油100毫升、硫酸镁50克、芳香氨醑10毫升，加水500毫升，1次灌服。

② 纠正酸中毒，5%的碳酸氢钠100毫升，5%的葡萄糖200毫升，1次静脉注射。

③ 药物治疗无效时，即速进行瘤胃切开术，取出内容物。

四、前胃弛缓

羊前胃弛缓是前胃兴奋性和收缩力量降低导致的疾病。临床特征为正常的食欲、反刍、嗳气紊乱，胃蠕动减弱或停止，可继发酸中毒。

【病因】

由于饲养管理不良，饲料品种单一，长期的大量饲喂秸秆、麸皮等过硬难于消化的饲料；长期过多给予精料和柔软饲料，以及饲喂霉变、冰冻、缺乏矿物质和维生素类饲料，导致消化机能下降，均可引起本病的发生。患有瘤胃积食、瘤胃臌气、胃肠炎和其他多种疾病时，也会继发前胃弛缓。本病在冬末、春初饲料缺乏时最为常见。

【症状及病理变化】

急性前胃弛缓表现食欲废绝，反刍停止，瘤胃蠕动减弱或停止；瘤胃内容物腐败发酵（图3-4-1），产生大量气体，左腹增大。慢性前胃弛缓表现病畜精神沉郁，倦怠无力，喜卧地（图3-4-2）；被毛粗乱；体温、呼吸、脉搏无变化，食欲减退，反刍缓慢。扫码可观看前胃弛缓的表现。

【诊断】

根据其特殊的症状、病史做出判断。

【防治】

（1）预防 改善饲养管理，排除病因，增强体液调节功能，防止脱水和自体中毒。

图3-4-1　瘤胃内容物腐败发酵

扫一扫观看羊前胃弛
缓的表现（被毛粗
乱，倦怠无力，喜卧
地，腹围增大）

图3-4-2　病羊左腹增大，卧地

（2）治疗

① 消除病因，缓泻、止酵兴奋瘤胃的蠕动，采用饥饿疗法，先禁食1～2天，每天人工按摩瘤胃数次，每次10～20分钟，并给以少量易消化的多汁饲料。

② 当瘤胃内容物过多时，可投服缓泻剂，内服硫酸镁20～30克或石蜡油100～200毫升。

③ 病初用10%氯化钠溶液20～50毫升，静脉注射；还可内服吐酒石0.2～0.5克、番木鳖酊1～3毫升，或用2%毛果芸香碱1毫升皮下注射等。

④ 为防止酸中毒，可加服碳酸氢钠10～15克。后期可选用各种健胃剂，如灌服人工盐20～30克或用大蒜酊20毫升、龙胆

末10克、豆蔻酊10毫升，加水适量1次内服，以便尽快促进食欲的恢复。

五、瘤胃臌气

瘤胃臌气是草料在瘤胃发酵，产生大量气体，致使瘤胃体积迅速增大，过度膨胀并出现嗳气障碍为特征的一种疾病。

【病因】

常发生于春、夏季，绵羊和山羊均可患病。本病可分为原发性瘤胃臌气（泡沫性臌气）和继发性瘤胃臌气两种。

原发性瘤胃臌气主要是所食牧草中含有生泡沫性物质，如皂苷、果胶、半纤维素，特别是可溶性叶蛋白，使瘤胃发酵气体生成大量稳定的泡沫并与瘤胃内容物混合在一起，不能通过嗳气被排除，导致瘤胃臌胀。此外，采食较多粉碎过细的谷物饲料，可引起瘤胃pH下降，适合于带荚膜的细菌生长时，细菌可产生稳定泡沫的细胞外多糖黏液，以及唾液分泌机能不全，也在原发性瘤胃臌气中起重要作用。在这些因素的配合下，臌气可一触即发。

继发性瘤胃臌气主要是由于前胃机能减弱，嗳气机能障碍，多见于前胃弛缓、食道阻塞、腹膜炎等。

【症状及病理变化】

病羊站立不动，背拱起，头常弯向腹部。不久腹部迅速胀大，左边更为明显（图3-5-1），皮肤紧张。病羊张口伸舌，呼吸困难，

图3-5-1 绵羊腹部胀大

非常痛苦。膨胀严重时，病羊的结膜及其他可视黏膜呈紫红色，不吃、不反刍，脉搏快而弱，间有嗳气或食物反流现象；有时直肠垂脱。此时病羊十分窘迫，站立不稳，最后倒卧地上，痉挛而死。病程常在1小时左右。

尸体腹部膨大，瘤胃臌胀（图3-5-2），有时瘤胃或横膈膜破裂。胃内有大量气体或泡沫状物质。肺或静脉瘀血，心包及浆膜（胸膜）上有小点状及线状充血，很像窒息病变。

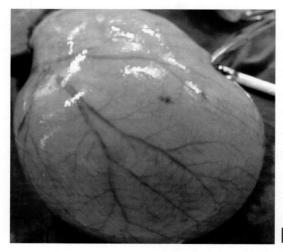

图3-5-2　瘤胃臌胀

【诊断】

根据其特殊的症状、病史做出判断。

【防治】

（1）预防

① 春初放牧时，每日应限定时间，有危险的植物不能让羊任意饱食；一般在生长良好的苜蓿地放牧时，不可超过20分钟。第一次放牧时，时间更要尽量缩短（不可超过10分钟），以后逐渐增加，即不会发生大问题。

② 放牧青嫩的豆科草以前，应先喂些富含纤维质的干草。

③ 在饲喂新饲料或变换放牧场时，应该严加看管，避免该病

的发生。

④ 帮助放牧人员掌握简单的治疗方法，放牧时带上木棒、套管针（或大针头、小刀）或药物，以适应急需，因为急性膨胀往往可以在30分钟以内引起死亡。

⑤ 不要喂霉烂的饲料，也不要喂大量容易发酵的饲料。雨后及早晨露水未干前不要放牧。

（2）治疗

1）轻度气胀，可强迫喂给食盐颗粒25克左右，或者灌给植物油100毫升左右。也可以用酒、醋各50毫升，加温水适量灌服。

2）剧烈气胀，可将羊的前腿提起，放在高处，给口内放以树枝或木棒，使口张开，同时有规律地按压左肋腹部，以排除胃内气体。然后采用以下方法，防止继续发酵。

① 福尔马林溶液或来苏尔2.0～5.0毫升，加水200～300毫升一次灌服。

② 松节油或鱼石脂5毫升，或薄荷油3毫升、石蜡油80～100毫升，加水适量灌服，若半小时以后效果不显著，可再灌服一次。

③ 从口中插入橡皮管，放出气体，同时由此管灌入油类60～90毫升。

④ 灌服氧化镁：氧化镁是最容易中和酸类并吸收二氧化碳的药物，对治疗臌气的效果很好。其剂量根据羊的大小而定，一般小羊用4～6克，大羊为8～12克。

⑤ 植物油（或石蜡油）100毫升、芳香亚醋10毫升、松节油（或鱼石脂）5毫升、酒精30毫升，一次灌服。或二甲基硅油0.5～1毫升，或2%聚合甲基硅香油25毫升，加水稀释，一次灌服。

3）若病势非常严重，应迅速施行瘤胃穿刺术。

六、瓣胃阻塞

瓣胃阻塞又称瓣胃秘结，在中兽医称为"百叶干"，是由于羊瓣胃收缩力量减弱，食物排出不充分，通过瓣胃的食糜积聚，充满于瓣叶之间，水分被吸收，内容物变干而致病。其临床特征为瓣胃容积增大、坚硬，腹部胀满，不排粪便。

【病因】

主要是由于饲喂过多秕糠、粗纤维饲料而饮水不足所引起；或饲料和饮水中混有过多泥沙，使泥沙混入食糜，沉积于瓣胃瓣叶之间而发病。瓣胃阻塞还可继发于前胃弛缓、瘤胃积食、皱胃阻塞和皱胃与腹膜粘连等疾病。

【症状及病理变化】

病的初期与前胃弛缓症状相似，瘤胃蠕动减弱，瓣胃蠕动消失，积有大量未消化的食物（图3-6-1），可继发瘤胃臌气和瘤胃积食。排粪干少，色泽暗黑，后期排粪停止。触压病羊右侧第7～9肋间、肩关节水平线，羊表现痛苦不安，有时可以在右肋骨弓下摸到阻塞的瓣胃。如病程延长，瓣胃小叶发炎或坏死，常可继发败血症，可见病羊体温升高，呼吸和脉搏加快，全身衰弱，卧地不起，最后死亡。

图3-6-1　瓣胃阻塞

【诊断】

根据病史和临床表现，如病羊不排粪，瓣胃区敏感，瓣胃区扩大、坚硬等，即可确诊。

【防治】

（1）预防　避免给羊过多饲喂秕糠和坚韧的粗纤维饲料，防止导致前胃弛缓的各种不良因素。注意运动和饮水，增进消化机能，防止本病的发生。

（2）治疗

① 病的初期可用硫酸钠或硫酸镁 80～100 克，加水 1500～2000 毫升，一次内服；或石蜡油 500～1000 毫升，一次内服。同时静脉注射促反刍注射液 200～300 毫升，增强前胃神经兴奋性，促进前胃内容物的运转与排除。

② 对顽固性瓣胃阻塞，可用瓣胃注射疗法。具体方法是：于右侧第九肋间隙和肩关节水平线交界处，选用 12 号长针头，向对侧肩关节方向刺入约 4 厘米深，刺入后可先注入 20 毫升生理盐水，感到有较大压力，并有草渣流出，表明已刺入瓣胃，然后注入 25% 硫酸镁溶液 30～40 毫升、石蜡油 100 毫升（交替注入瓣胃），于第二日再重复注射 1 次。瓣胃注射后，可用 10% 氯化钙 10 毫升、10% 氯化钠 50～100 毫升、5% 葡萄糖生理盐水 150～300 毫升，混合 1 次静脉注射。待瓣胃松软后，皮下注射 0.1% 氨甲酰胆碱 0.2～0.3 毫升，兴奋胃肠运动机能，促进积聚物排出。

③ 亦可内服中药。大黄 9 克、枳壳 6 克、二丑 9 克、玉片 3 克、当归 12 克、白芍 2.5 克、番泻叶 6 克、千金子 3 克、山枝 2 克，煎水一次内服。

七、创伤性网胃炎

本病是由于异物刺伤网胃壁而发生的一种疾病。特征为急性前胃弛缓，胸壁疼痛，间歇性臌气。

【病因】

饲养管理不当，饲料加工过于粗放，调理饲料不经心的情况

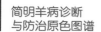

下，常发本病；随意舍饲和放牧，家畜采食了金属尖锐异物（铁钉、铁丝、针等）落入网胃造成本病（图3-7-1）。

图3-7-1　山羊网胃壁中有1个穿入的铁钉

【症状及病理变化】

本病从吞入异物到发病，快的1～4天，慢则几周。一般发病缓慢，初期无明显变化，日久则表现精神不振，食欲降低、反刍减少，瘤胃蠕动减弱或停止，并常出现反刍性臌气。病情较重时患羊行动小心，常有拱背、呻吟等疼痛表现。触诊网胃部，发生疼痛并抵抗，腹肌紧缩。患羊站立时，肘关节张开，起立时先起前肢。体温一般正常，但有时升高。

当发生创伤性心包炎时（图3-7-2），病羊全身症状加重，体温升高，心跳明显加快，颈静脉怒张，颌下、胸前水肿。叩诊心区扩大，有疼痛感。听诊心音减弱，混浊不清，常出现摩擦音及拍水音。病后期常导致腹膜粘连，心包化脓和脓毒败血症。

【诊断】

根据病史和临床表现，即可确诊。

【防治】

（1）预防　本病的常见病因是食入金属异物，因此减少异物进入网胃是有效的预防方法。除了注意草料的储藏和加强管理外，还可以在铡草机的饲草过板上放置一磁力足够强的磁铁，以减少金属异物进入饲料和胃。

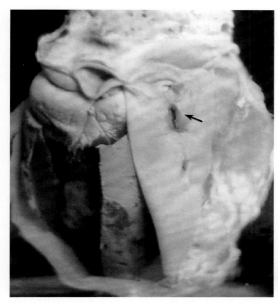

图3-7-2　尖锐异物刺穿网
胃壁和心包

（2）治疗　早期确诊后，用硫酸镁（钠）40～100克、石蜡油100～200毫升或植物油100～200毫升，内服。重症病羊，可在用药后8～10小时，再用2%盐酸毛果芸香碱、新斯的明等，以提高疗效。也可采用瘤胃切开术，从网胃中取出异物，同时采用抗生素和磺胺类药物等对症治疗；如病已到晚期，并累及心包和其他器官，应将病羊淘汰。

八、肠变位

肠变位是肠管的位置发生改变，同时伴发机械性肠腔闭塞，肠壁的血液循环受到严重破坏，引起剧烈的腹痛。本病发病率很低，但死亡率高。

肠变位通常包括肠套叠、肠扭转、肠缠结及肠箝闭四种。

【病因】

（1）羊只的强烈运动、猛烈跳跃或过分努责，使肠内压增高，肠管剧烈移动而造成。

（2）当长时间饥饿而突然大量进食（特别是刺激性食物时），由于肠管长时间的空虚迟缓，前段肠管受食物刺激，急剧向后蠕动，而与其相连的后一段肠管则仍处于空虚迟缓状态，因此容易发生前段肠管被套入后段肠腔中而发生肠套叠。

（3）饲喂冰冻霜打，腐败发霉以及刺激性过强的饲料，使肠道受到严重的刺激，导致肠管蠕动异常，引起发病。

（4）还可继发于肠痉挛、肠炎、肠麻痹、肠便秘等内科病及某些寄生虫病。

【症状及病理变化】

突然发病，持续性严重腹痛，出现许多不自然姿势，如摇尾、踢腹、起卧、犬坐、后肢弯曲或前肢下跪，有时两前肢屈曲而横卧。病羊精神极度痛苦，目光凝视，全身不时发抖，磨牙，呻吟。食欲废绝，结膜充血，呼吸迫促，脉搏弱而快。体温一般正常，如并发肠炎及肠坏死时，体温可升高。病初频频排粪，后期停止。腹围常常增大。肠蠕动音微弱，以后完全消失。病的后期由于肠管麻痹，虽腹痛缓解，而全身症状恶化，预后多不良。病程可由数小时到数天，重症时3～4小时即可死亡。

【诊断】

根据病史和临床表现，即可确诊。

【防治】

（1）预防　针对病因，加强饲养管理。

（2）治疗　原则是镇痛和恢复肠道的正常位置。应尽快确诊，进行手术整复。如进行小肠套叠整复术（图3-8-1，图3-8-2）。

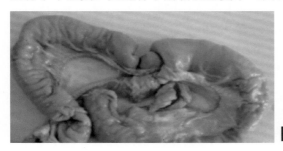

图3-8-1　小肠套叠

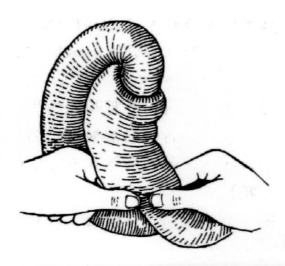

图3-8-2 小肠套叠复位术

九、支气管炎

支气管炎是支气管黏膜表层或深层的炎症，常以重剧咳嗽及呼吸困难为特征，多发生于冬春两季。根据病程可分为急性和慢性两种。

【病因】

急性支气管炎主要是受寒感冒，吸入含有刺激性的物质，如氨、二氧化硫、霉菌孢子、尘埃、烟及有毒的气体；液体或饲料的误咽，都是原发性支气管炎的原因。本病也可继发于喉、气管、肺的疾病或某些传染病（口蹄疫、羊痘等）与寄生虫病（肺丝虫）。

慢性支气管炎常由急性支气管炎延续而来，或继发于全身及其他器官疾病。

【症状及病理变化】

急性支气管炎症的主要症状是咳嗽（图3-9-1），病初呈干、短并带疼痛的咳嗽，以后变为湿性长咳，痛感减轻，有时咳出痰液，同时鼻腔或口腔排出黏性或脓性分泌物。体温一般正常，全身症状较轻。若炎症侵扩大到细支气管，则呈弥漫性支气管炎特征

129

（图3-9-2）。全身症状重剧，体温升高1～2℃，呼吸急速，呈呼气性呼吸困难，可视黏膜发绀，有弱痛咳。

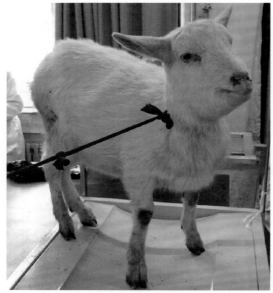

图3-9-1　病羊咳嗽

图3-9-2　支气管出血，含有带血液的分泌物

　　慢性气管炎也是以咳嗽、流鼻、气管敏感和肺部啰音为特征。体温正常，无全身变化。由于病期拖长和反复发作，病羊日渐消瘦和贫血，直至极度衰竭而死亡。

【诊断】

根据病史和临床表现，即可确诊。

【防治】

（1）首先要加强饲养管理，排除致病因素。给病羊以多汁和营养丰富的饲料和清洁的饮水。圈舍要宽敞、清洁、通风透光、无贼风侵袭，防止受寒感冒。

（2）在治疗上，祛痰可口服氯化铵1～2克，或吐酒石0.2～0.5克，或碳酸铵2～3克。其他如吐根酊、远志酊、复方甘草合剂、杏仁水等均可应用。止喘可肌内注射3%盐酸麻黄素1～2毫升。慢性气管炎常用下列处方：盐酸氯丙嗪0.1克，盐酸异丙嗪0.1克，人工盐20克，复方甘草合剂10毫升，一次灌服，1日1次，连用1～2次。

（3）控制感染，以抗生素及磺胺类药物为主。可用10%磺胺嘧啶钠10～20毫升肌内注射；也可内服磺胺嘧啶0.1克/千克体重（首次加倍），每天2～3次。肌内注射青霉素20万～40万单位或链霉素0.5克，每日2～3次。直至体温下降为止。

（4）中药治疗，可根据病情，选用下列处方。

① 杷叶散，主用于镇咳。杷叶6克、知母6克、贝母6克、冬花8克、桑皮8克、阿胶6克、杏仁7克、桔梗10克、葶苈子5克、百合8克、百部6克、生草4克，煎汤，候温灌服。

② 紫苏散，止咳祛痰。紫苏、荆芥、前胡、防风、茯苓、桔梗、生姜各10～20克、麻黄5～7克、甘草6克，煎汤，候温灌服。

十、肺炎

绵羊与山羊均可患肺炎，以在绵羊引起的损失较大，尤其是羔羊。

【病因】

（1）因感冒而引起，如圈舍湿潮，空气污浊，而兼有贼风，即容易引起鼻卡他及支气管卡他，如果护理不周，即可发展成为肺炎。

（2）气候剧烈，如放牧时忽遇风雨，或剪毛后遇到冷湿天气。严寒和多雨天气更易发生。

（3）在绵羊并未见到病原菌存在，但当抵抗力减弱时，许多细菌即可乘机而起，发生肺炎。

（4）吸入异物或灌药入肺，都可引起异物性肺炎。

（5）肺寄生虫引起，如肺丝虫的机械作用或造成营养不良而发生肺炎。

（6）其他疾病（如出血性败血病、假结核等）的继发病：往往因病中长期偏卧一侧，引起一侧肺的充血，而发生肺炎。一旦继发肺炎，致死率常比原发疾病高。

【症状及病理变化】

病初，精神迟钝，食欲减退，体温高达40～42℃，寒战，呼吸加快，心悸亢进，脉搏细弱而快，眼、鼻黏膜变红，初期疼痛干咳，后变为湿咳，鼻液初为浆液，后为脓液（图3-10-1）。以后呼吸愈见困难，表现喘息，终至死亡。死亡常在一周左右，死亡率高低不定。

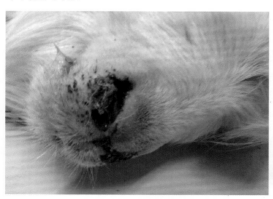

图3-10-1　鼻孔流出脓性分泌物

剖检时，可见喉部充血，气管与支气管发炎，内含白色或淡红色泡沫或脓液。肺出血，淤血，肺叶表面有脓性分泌物（图3-10-2）。病灶有时限于一侧，有时可波及两侧。胸膜可能附着肺上，胸腔内含有大量淡红色液体。慢性进行性肺炎，肺上常见有坚硬的灰色病灶。

图3-10-2 肺出血、淤血，表面有脓性分泌物

【诊断】

根据呼吸困难症状很容易诊断肺炎，确定必须由实验室检查来帮助诊断。

【防治】

（1）预防

① 加强饲养管理，供给富含蛋白质、矿物质、维生素的饲料；注意圈舍卫生，不要过热、过冷、过于潮湿，通气要好。剪毛后若遇天气变冷，应迅速把羊赶到室内，必要时还应给室内升温。

② 远道运回的羊只，不要急于喂给精料，应多喂青饲料或青贮料。

③ 对呼吸系统的其他疾病要及时发现，抓紧治疗。

④ 为了预防异物性肺炎，灌药时务必小心，不可使羊嘴的高度超过额部，同时灌入要缓慢。一遇到咳嗽，应立刻停止。最好是使用胃管灌药，但要注意不可将胃管插入气管内。

⑤ 由传染病或寄生虫病引起的肺炎，应集中力量治疗原发病。

（2）治疗

1）首先要加强护理，发现之后，及早把羊放在清洁、温暖、通风良好但无贼风的羊舍内，保持安静，喂给容易消化的饲料，经常供应清水。

2）采用抗生素或磺胺类药物治疗，病情严重时可以两种同时应用。即在肌内注射青霉素或链霉素的同时，内服或静脉注射磺胺类药物。采用注射四环素或卡那霉素，则疗效更为满意。

① 四环素50万单位，糖盐水100毫升溶解，一次静脉注射，每日2次，连用3～4天。

② 卡那霉素100万单位，一次肌内注射，每日2次，连用3～4天。

3）对症治疗　当体温升高时，可肌注安乃近2毫升或内服阿司匹林1克，每日2～3次。当发现干咳、有稠鼻时，可给予氯化铵2克，分2～3次，1日服完。还可以按下列处方给药：磺胺嘧啶6克、小苏打6克、氯化铵3克、远志末6克、甘草末6克，混合均匀，分为3次灌服，1日用完。当呼吸十分困难时，可用氧气腹腔注射，此法简便而安全，能够提高治愈率，剂量按100毫升/千克体重计算，注射后可使病羊体温下降，食欲及一般情况有所改善，虽然在注射后第一昼夜呼吸频率加快，呼吸深度有所增加，但经过2～3天后可以恢复正常。为了强心，可反复注射樟脑油或樟脑水。如有便秘，可灌服油类或盐类泻剂。

十一、中暑

羊中暑症是日射病、热射病的统称。日射病是因羊的头部被日光直射，引起脑及脑膜充血的急性病变；热射病是因天气潮湿闷热，机体产热大于散热，使体内积热而引起中枢神经系统紊乱的疾病。

【病因】

一是夏季天气炎热，日照强烈，阳光直晒头部引起。二是由于外界温度过高，羊舍内潮湿、闷热、拥挤、狭小，或车船运动时通风不良，热在体内蓄积所致。

【症状及病理变化】

初期表现精神极度沉郁，食欲减退或废绝，步态不稳（图3-11-1），摇晃不定，心跳亢进，脉搏快速而弱，呼吸困难，体温升高，可视黏膜潮红，肌肉震颤，全身出汗，有的在发病后出现兴奋状态。后期常因虚脱而卧地不起，呈昏迷状态。最后因心脏停搏发生死亡。

图3-11-1　步态不稳，张口呼吸

【诊断】

根据病史和临床表现，即可确诊。

【防治】

（1）预防　夏季天气炎热，要做好羊舍的防暑降温工作，严禁中午放牧，午间休息时到阴凉处或树荫下，还要保证充足的饮水。

（2）治疗　发现病羊立即将羊移到通风良好的阴凉处，用凉水浇头及全身，或用凉水灌肠。当病羊昏迷不醒时，可于颈静脉放血，放血量视病羊大小及身体状况而定，一般放血80～100毫升，放血后进行补液，静脉注射氯化钠注射液500～1000毫升；病羊心脏衰弱或严重水肿时，应静脉注射10%安钠咖4毫升。

十二、尿道结石

尿道结石指在尿道中形成沙石状的凝固物。结石发生于膀胱及尿道的，称为膀胱结石及尿道结石。

【病因】

公羊及阉羊的尿道有"S"状弯曲及尿道突，结石很容易停留在细长的尿道中。饲料中的营养不全和矿物质不平衡，如饮水中含有大量盐类，喂给大量棉籽粉、亚麻仁子粉、麸皮及其他富磷饲料。缺乏维生素A时也容易形成结石。

【症状及病理变化】

泌尿系统存有少量细砂粒时，没有多大妨害，但若堆积量太多，使排尿受到部分或全部障碍时，就会显出症状（图3-12-1）。最初精神委顿，食欲减少，头抵墙壁。体温一般为40～41℃。小便失禁，尿液不时呈点滴下流，尿道外口周围的毛上有盐类堆积，由于尿液的浸润，包皮明显肿胀。以后阴茎根部发炎肿胀，随时频繁作排尿状，不断发出呻吟声，不时起卧。有时双膝跪地；有时呈犬坐式；有时又表现似睡非睡状态；有时头部回顾腹部，甚至用角抵胁腹部分。病羊行走困难，强迫行走时，后肢勉强作短步移动。若尿继续留滞不通或膀胱破裂时（图3-12-2），即引起尿毒症。到后期时，食欲完全停止，尾下方臀端呈现水肿，有尿酸气。脉搏加快，每分钟达100次以上，最后卧地不起，发生死亡。

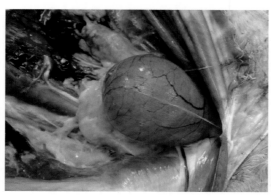

图3-12-1　膀胱胀大

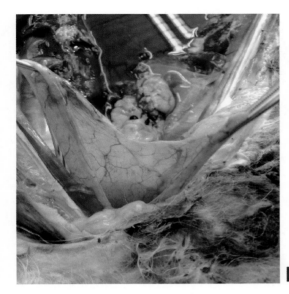

图3-12-2 膀胱黏膜出血

　　肾脏及输尿管肿大而充血。膀胱因积尿而膨大，剖开时有大小不等的颗粒状结石。尿道起端及膀胱颈被结石堵塞，积聚许多黄豆粒到砂粒大的结石（图3-12-3、图3-12-4）。

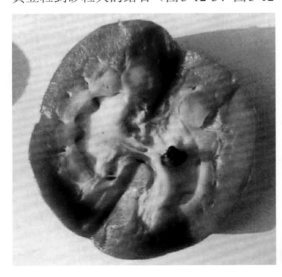

图3-12-3 肾脏中有结石

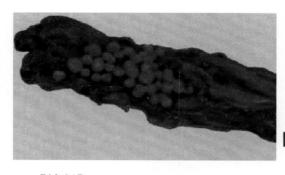

图3-12-4 尿道内积聚许多结石

【诊断】

根据病史和临床表现，即可确诊。

【防治】

（1）预防

① 对于舍饲的种公羊，可从饲养管理上进行预防，例如增强运动，供给足量的清洁饮水等。在饲料方面，应供给优质的干苜蓿，以调整麸皮和颗粒饲料中含磷过多的缺点。但应注意的是，干苜蓿如果喂量过大，则钙量超过磷量，同样会造成矿物质的不平衡，而发生不良后果。如果没有苜蓿干草，应给精料中加入1%～2%的骨粉或碳酸钙。

② 如果怀疑钙量过大，例如饮水中矿物质含量高，或饲料中含钙量大，可以供给谷类籽实进行校正，因为谷类籽实中含的钙少磷多。

③ 当改变饲料之后还不能制止发病时，可以禁食几天，或给以谷类干草、谷类籽实及肉粉组成的日粮，也可以每日内服氯化铵10～15克，连服一周左右，使尿变为酸性。

④ 饮磁化水，水经磁化后溶解力增强，能预防结石的形成，使结石疏松而排出。

（2）治疗

1）立即改变饲粮，主要是减去食盐及麸皮，单纯给予青草。给饲料中加入黄玉米或苜蓿。

2）中药疗法，羊的结石多是小颗粒，故采用以下中药，便可能溶解排出。

　　[中药处方] 桃仁12克、红花6克、归尾12克、赤芍9克、香附子12克、海金沙15克、金钱草30克、鸡内金6克、广香9克、滑石12克、木通18克、扁蓄12克，将以上各药碾细，共分3次，开水冲灌。每次用药时加水500毫升左右，以增加排尿。

　　3）为了控制体内其他细菌的危害，可以注射抗生素。

　　4）发生尿道结石而尿液不通时，可用下列二法之一除去结石。

　　① 小心用尿道探子移动结石或施行尿道、膀胱切开术，将结石取出。

　　② 割去阴茎末端的尿道突。

第四章

外科病

一、创伤

1.撕裂创

【病因】

撕裂创或称裂创，是由钩、钉等物的钝性牵引所造成。

【症状】

创形不整齐，组织发生撕裂或剥离，创缘呈现不正的锯齿状，创腔深浅不一，创壁和创底凹凸不平，存在有创囊和组织碎片，创口很大，出血，羊只剧烈疼痛（图4-1-1）。

图4-1-1　撕裂创

【治疗】

（1）首先用灭菌纱布遮盖创面，剪除创围被毛。用冷生理盐水或消毒液洗涤创围和创面，用镊子除去创面上的毛发和凝血块，并用70%酒精棉球擦拭干净。

（2）创面撒以青霉素粉或1：9碘仿磺胺粉；创围涂以凡士林，盖上脱脂棉或纱布。

（3）对严重的撕裂创，在清洗、消毒之后，应修正创缘、创壁，撒以抗菌药粉，进行缝合。

（4）在炎热季节，应给创伤外部施用驱蝇防腐剂，以防止发生蝇蛆病。

2.刺伤

【病因】

刺伤一般是由于尖钉、尖桩或其他尖锐的东西刺入皮肤和肌肉而形成的。

【症状】

创口小，创道狭而长，常伴发深部组织内出血，或形成血肿。当致伤异物在创内折断而存留时，易形成化脓性窦道，或引起厌氧菌感染（图4-1-2）。

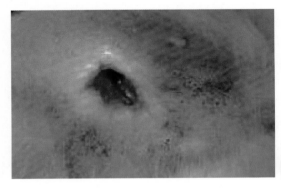

图4-1-2　刺伤

【治疗】

深部刺伤非常危险，不能随便对表面清洗擦干而了结，因为

这种伤口给细菌的侵入开了方便之门，最危险的是容易继发破伤风。应该在拔除异物之后，给伤口内注入0.1%高锰酸钾或3%过氧化氢进行彻底消毒，然后给创道内灌注5%碘酊或抗生素液。

3.急性出血

【病因】

多发生于意外的刺伤、摔伤、砸伤、车祸等，山羊常由于跳越带刺篱笆和冲击而引起。

【症状】

可发现羊的体表有血液污染现象。严重者脉搏细弱，呼吸浅表，可视黏膜苍白，血压和体温下降。

【急救】

迅速查明出血部位，采取局部和全身止血措施，以防止发生出血性休克。

止血之后，根据具体情况采取相应处理。处理的难易与出血部位有关。

（1）如果发生在四肢，比较容易处理，应用止血带即可。如果出血严重，为了防止失血过多，应采用填塞止血法。止血带应用时间不能太长，应每隔15分钟左右放松一次再缠扎。如已止血，应进行消毒，撒上磺胺粉，并施用绷带。

（2）其他部位出血时，止血比较困难，原则是用清洁棉枕直接压迫止血。如果严重，可采取缝合措施，对小伤可用药棉填塞。

4.电击

【病因】

电击又称电休克，是由于羊接触高压电流所引起，绵羊和山羊都有可能发生。

【症状】

一般都发生严重烧伤甚至休克，多数迅速死亡。个别情况下羊失去知觉，体表有烧焦的痕迹，经一定时间后恢复知觉，但留有神经后遗症。

【预防】

一切用电设施应该放在羊的放牧区以外，且位置要高。不要在阴雨雷电季节放牧。

【急救】

（1）在接触电击羊只之前，必须先切断电源。

（2）对幸存的羊应进行心脏按压刺激，并采用供氧疗法。给予利尿剂和支气管扩张剂，但禁用强心剂。

（3）对羊体保温。为此应多铺垫草，并盖以麻袋或毛毯。

二、脓肿

脓肿是外有脓肿膜包裹，内有脓液积聚所形成的局限性脓腔。

【病因】

金黄色葡萄球菌、大肠杆菌、链球菌等侵入组织内所致。

【症状】

浅部，脓肿表现为局部红、肿、热、痛及压痛，继而出现波动感（图4-2-1）。

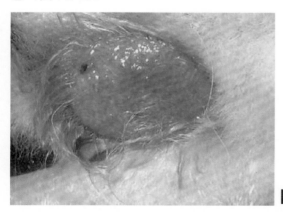

图4-2-1 皮肤脓肿

深部，脓肿为局部弥漫性肿胀，疼痛及压痛，波动不明显，穿刺可抽出脓液。

【诊断】

有急性化脓性感染病史。局部红肿疼痛且有波动感，穿刺有脓液。全身症状有发热、乏力等。白细胞计数增高。深部脓肿经B超检查可呈液性暗区。

【治疗】

（1）及时切开引流，切口应选在波动明显处，切口应够长，并选择低位，以利引流。深部脓肿，应先行穿刺定位，然后逐层切开。

（2）术后及时更换敷料。

（3）全身应选用抗菌消炎药物治疗。伤口长期不愈者，应查明原因。

三、休克

休克不是一种独立的疾病，而是神经、内分泌、循环、代谢等发生严重障碍时在临床上表现出的症候群。以循环血液量锐减，组织灌注不良，导致组织缺氧和器官损害的综合征。

【病因】

失血与失液、烧伤、创伤、感染、过敏、急性心力衰竭、强烈的神经刺激。临床上将休克分为低血容量性休克、创伤性休克、中毒性休克、心源性休克、过敏性休克。

【症状】

休克的初期，动物表现兴奋不安，血压无变化或稍高，脉搏快而充实，呼吸增加，皮温降低，黏膜发绀，无意识地排尿、排粪。这个过程短则几秒钟即能消失，长者不超过1小时。继兴奋之后，动物出现沉郁、食欲废绝，对痛觉、视觉、听觉的刺激全无反应，脉搏细而间歇，呼吸浅表不规则，肌肉张力极度下降，反射微弱或消失，此时黏膜苍白，四肢厥冷，瞳孔散大，血压下降，体温降低，全身或局部颤抖，出汗，呆立不动，行走如醉，此时如不抢救，能招致死亡（图4-3-1）。

图4-3-1 病羊休克

【诊断】

根据临床表现，诊断并不困难。但必须了解，休克的治疗效果取决于早期诊断，待患畜已发展到明显阶段，再去抢救，为时已晚。若能在休克前期或更早地实行预防或治疗，不但能提高治愈率，同时还可以减少经济上的损失。

【治疗】

（1）消除病因　要根据休克发生不同的原因，给以相应的处置。如为出血性休克，关键是止血，同时迅速地补充血容量。如为中毒性休克，要尽快消除感染原，对化脓灶、脓肿、蜂窝织炎要切开引流。

（2）补充血容量　对贫血和失血的病例，输给全血是需要的。还要根据需要补给血浆、生理盐水或右旋糖酐等。

（3）改善心脏功能　当中心静脉压高、血压低，为心功能不全的表示，采用提高心肌收缩力的药物，如异丙肾上腺素和多巴胺是应选药物。大剂量的皮质类固醇能促进心肌收缩，降低周围血管阻力，有改善微循环的作用，并有中和内毒素作用，较多用于中毒性休克。

中心静脉压高，血压正常，心率正常，是血管过度收缩的结果，用氯丙嗪可解除小动脉和小静脉的收缩，纠正微循环障碍，改善组织缺氧，从而使休克好转，适用于中毒性休克、出血性休克。

（4）调节代谢障碍　轻度的酸中毒给予生理盐水；中度酸中毒则须用碱性药物，如碳酸氢钠、乳酸钠等；严重的酸中毒或肝受损伤时，不得使用乳酸钠。

外伤性休克常合并有感染，一般常给予广谱抗生素。如果同时应用皮质激素时，抗生素要加大用量。休克羊要加强管理，指定专人护理，使其保持安静，要注意保温，但也不能过热，保持通风良好，给予充分饮水。输液时使液体保持同体温相同的温度。

四、风湿

本病是关节或肌肉的一种反复发作的疼痛性炎症。

【病因】

羊舍较长时期的潮湿、阴冷、空气污浊，或者羊只受到贼风侵袭、阴雨淋浇，都容易诱发本病。与溶血性链球菌感染有关，也有人认为是由于饲料不适宜，使体内产酸过多，或者身体某一部分不能将废物排出，而引起发病。

【症状】

一般表现四肢僵硬，行动不便，或者呈十字形跛行（图4-4-1）。有时关节肿大，体温升高。急性病例常突然跌倒，不能起立。发生于颈部时，头偏向一侧，颈部不能自由运动。如为肌肉风湿，可摸到患部肌肉发硬。

图4-4-1　病羊风湿

【诊断】在诊断时，应注意以下两个特点。

（1）患病部位并不局限于一处，常有游走性，而且多侵害后肢，故常有腰部发硬表现。

（2）跛行特点是步子短，步态僵硬。在开始行走时跛行显著，行走一段之后跛行减轻，甚至很不明显。

（3）鉴别诊断

① 风湿病。先是跛行，只有急性者突然卧地不起。患肢肌肉紧张发硬，有转移性，按压局部时有疼痛反应。体温急性时升高，食欲急性时降低。

② 脑脊髓丝状虫病。发病过程很突然，患肢不紧张、不发硬、不转移，按压肌肉时无疼痛反应。体温不升高，食欲不受影响。随着病程延长，病羊运步时两后肢外张，拖地前行。

③ 钙缺乏。发病过程由不明显的跛行到明显跛行，卧地时已很消瘦。患肢不硬不紧张，有时可看到头腿变形，关节变大。体温不升高，食欲逐渐降低。

④ 破伤风。发病过程快。四肢直伸，关节不能屈曲。体温不升高。食欲迅速降低到完全废绝，牙关紧闭。

【治疗】

（1）激素治疗，25%醋酸可的松混悬注射，每日1次，连用3～5天。

（2）穴位注射维生素疗法，可选两侧关元、腰中、肾棚等穴位，每个穴位注射维生素B_{12} 5毫克，每日1次，3次为1个疗程，一般1个疗程即可痊愈。

（3）石蜡油热疗法，将石蜡油250～1000毫升装入热水袋内，放入90℃热水盆中加热15分钟，把石蜡油袋绑在百会穴上，每次2小时，每日1次，直至痊愈。

（4）酒糟、醋麸灸法，将酒糟炒热，装入布袋或麻袋内，敷于患部，每日1～2次，或用醋炒麸皮（麸皮3千克、醋1千克，充分拌匀），炒至烫手，装入麻袋内，热敷患部。

（5）中兽医治疗风湿的方剂很多，如独活散、通经活络散、巴戟散、祛风除湿散、五虫四藤汤、乌地灵散等均有较好的效果。另外还有温针疗法、艾条燃灸法、针灸疗法、自家血疗法、静脉注射疗法、穴位药物注射方法等。

五、骨折

骨折常见于山羊，因为山羊比绵羊活泼，喜欢乱跳及狂奔。公羊较母羊多发。

【病因】

山羊狂奔时，将后肢夹入树枝之间而折断，多见于放牧时期，尤其是公羊在放牧中遇到其他羊群在旁边走过时最易发生。无论绵羊或山羊，在抵架时都容易引起骨折。

【症状】

山羊骨折常发生于后肢，而且多为单纯的完全骨折。主要是因为这些部分缺乏肌肉层的保护。山羊后肢骨折的特征是，病羊突然倒卧不起，或者悬起断肢，其余三肢负担体重，而呆立不动。病羊精神稍差，在刚发生之后由牧地赶回时，由于断肢不能负重而行走困难，故见口吐白沫、呼吸急促。但在休息十余分钟之后，即可好转。骨折部分发生带痛的肿胀，且常伴发皮肤损伤。若用手按摸骨折部分，可以听到断端摩擦音（图4-5-1）。

图4-5-1 病羊骨折

【治疗】

（1）清洗消毒　用消毒液洗净受伤部及创伤周围的皮肤，涂以碘酒，以防细菌感染。

（2）正确复位　整复骨折部分，使断端接合良好。

（3）合理固定　用硬纸剪成长条，宽度根据骨折部的粗细，在腿的四面（前、后、内、外）各放一条，然后用绷带紧紧缠住，以保护伤口及固定折断部分。在使用绷带以前，应该在压力特别大的地方垫以棉花或麻屑。为了固定良好，可以给绷带外面涂以松木油，使其变硬。

（4）加强护理　在治疗初期，应将羊关在舍内，不让过多活动，或者只允许在运动场里走动，绝对不可放牧。待病肢可以着地时，让其在羊舍周围逍遥活动，促使及早恢复正常行动。

除了整复、固定和加强护理以外，还必须正确处理局部与整体的关系，做到外治与内治相结合，以加速骨折愈合。例如可以内服中药接骨散或静脉注射氯化钙溶液。

接骨散的处方为，血竭60克、乳香30克、没药30克、川断30克、煅自然铜30克、当归15克、土鳖60克、南星15克、红花15克、川羊膝30克，共为细末，分为3次，开水冲灌，每日1次。每次加白酒30毫升。

六、眼病

羊眼病一年四季均可发生，以夏秋季最易感染和流行，且传染很快，多呈地方性流行。各种羊均可发病，发病率高达90% ～ 100%。

【症状】

羊眼病发生后，病羊表现为眼睑肿胀、有脓性分泌物、流眼泪、怕见光。初发病时，可见角膜混浊，呈灰白色半透明状或乳白色不透明状（图4-6-1、图4-6-2）。这种症状一般先从角膜的边缘开始，逐渐向眼睛的中央发展；最后可使羊的视力完全丧失。

【治疗】

（1）先用1% ～ 2%的硼酸冲洗眼部，待洗净后涂搽四环素眼膏。每日2次，连用数日。

图4-6-1 眼结膜潮红，有黏性分泌物

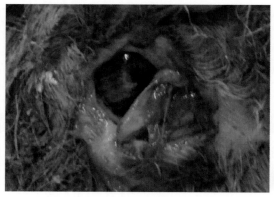

图4-6-2 角膜浑浊

（2）用青霉素、链霉素各100万单位，加注射用水20毫升调制成清洗剂，冲洗眼部，每日2～3次。同时，肌内注射青霉素和链霉素各80万单位，每日2次，连用3～4天。

（3）内服中药"决明汤"。取石决明、草决明、没药、郁金、黄药子、白药子、黄连、大黄、黄芩、枝子、黄芪各10克，加适量清水共煎取汁后，再加适量清水煎1次，然后将2次药汁合在一起，每日分2次趁温热灌服。此汤每日用1剂，连用3剂即可治愈羊眼病。

七、蹄病

1.羊蹄脓肿

本病是蹄壳真皮的一种非化脓性传染病。主要特征是蹄部肿烂，发生进行性坏死，蹄匣脱落。绵羊和山羊都可发生。

【病原】

通常为坏死梭形杆菌和化脓棒状杆菌。这些细菌通过蹄壳的小裂缝或创伤而进入蹄内。

【流行特点】

在干燥环境下不发生传染，潮湿环境容易促进传染的扩散。长期把羊圈养在冷湿环境或潮湿发酵的蓐草上，运动不足，蹄子不清洁以及蹄有损伤等，都是蹄脓肿发生的有利因素。

【症状及病理变化】主要表现为跛行，病羊蹄部有疼痛反应。

蹄冠发热、肿胀而变软，发红或腐烂，有时伴有湿疹，疼痛。一旦脓肿破裂，则疼痛减轻，如果不继续用抗生素治疗，脓肿容易复发。更严重时，蹄间腐烂，流出灰白色脓汁，恶臭，甚至蹄匣脱落。

病初趾部充血，角质发生湿性表面坏死。几天以后，坏死扩延到蹄踵部及蹄壳真皮。到了后期，蹄壁下部出现一层灰色坏死组织，造成蹄壁脱离。

【防治】

（1）预防

① 平时加强蹄子护理，不要把羊圈养在冷湿环境及潮湿蓐草上；保证充分运动；经常修剪蹄子，及时除去蹄间的夹杂物。

② 对新引进的羊只，应进行检疫，先隔离一个时期，对蹄子经检查及作必要的处理以后，再放入羊群内。

③ 当羊群内发现本病时，应立刻隔离病羊，给其余羊只清洗蹄部并用1% ～ 2%硫酸铜溶液浸浴1 ～ 2分钟，达到预防目的。对蹄子的浸浴，最好在药浴池内进行。

④注射腐蹄病疫苗，效果更好。

（2）治疗

①在有炎症和湿疹时，应用温浓盐水或浓醋加等量冷水洗浴，然后涂以碘酒。也可以用2%石炭酸浸浴，然后涂以松馏油。疼痛剧烈而严重跛行者，可用2%普鲁卡因10毫升、青霉素20万单位进行低掌封闭。如连续注射青霉素5天，每天6毫升（30万单位/毫升）。

②起初由表面向内腐烂、坏死时，可先用清水洗去泥土，然后用温10%硫酸铜浸洗，每日1次，每次2～3分钟，直到痊愈为止。如果用30%硫酸铜浸洗，每隔2～3天一次，连洗3次，疗效更好。也可以用10%福尔马林溶液浸洗蹄子，每次10分钟以上。若以上方法见效很慢，可以小心除去蹄壳，涂布10%氯霉素甲醇溶液，包扎绷带，精心护理。

③遇到化脓情况时，可将病羊隔离到干燥处，用小刀切开患部，将脓液排除干净，然后用消毒液洗涤，吹入消炎粉，裹上绷带。每2～3天重复一次，直到痊愈为止。还可以局部使用青霉素水油乳剂或青霉素-凡士林软膏。

洗伤口所用消毒液，在剧烈疼痛的初期可用10%硫酸铜溶液，等坏死组织消除后改用0.1%高锰酸钾溶液，以免腐蚀新生的肉芽组织，影响痊愈。

2.绵羊趾间皮肤炎

本病的特征是趾间发红而湿润，很像受烫后的创面，故俗称"烫伤"。

【病因】

通常由坏死梭形杆菌引起。

【症状】

病羊趾间发炎、疼痛（图4-7-1），严重时导致绵羊跪行。有时可使皮肤浸软，但无臭味和脓汁。如不及时治疗，可发展成腐蹄病或蹄脓肿。

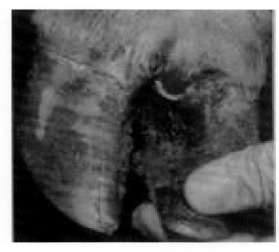

图4-7-1 病羊趾间发炎

【治疗】可以喷洒广谱抗生素，如土霉素，或者用10%福尔马林或10%硫酸铜进行蹄浴，然后迁移到清洁的草场。

3.羊蹄叶炎

蹄叶炎是角质蹄壁下层和蹄底肉样血管组织的一种急性或慢性炎症。

【病因】

急性蹄叶炎多发生于分娩或突然变换饲料后，伴发于肠毒血症、肺炎、乳腺炎、子宫炎或过敏反应等情况下。慢性蹄叶炎常发生于过食精料或肠毒血症轻度发作之后。春季的草含蛋白量高，也可能成为病因之一。

【症状】

急性蹄叶炎，病羊体温升高达41℃，强迫起立和行走，极度痛苦，触摸蹄时有热感。这种蹄叶炎通常很少与肺炎或急性严重过敏反应同时发生。

在奶山羊更为常见的是慢性蹄叶炎。由于病羊长期站立，常导致蹄子向上卷曲而变为"雪橇蹄"，或者由于病蹄一半负重，导致蹄底一侧显著增厚，而无法全面着地（图4-7-2）。由于病羊前蹄疼痛，常跪地休息和吃草，或者跪下作转圈运动。长期跪地和不能运动的结果，可造成前胸狭窄，食欲减少，因而病羊逐渐消瘦，奶量大为降低，给奶品生产带来一定损失。

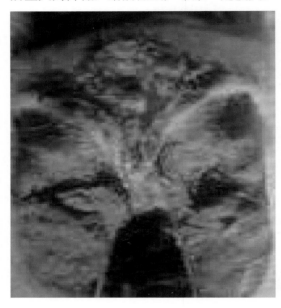

图4-7-2 病羊蹄叶炎

【防治】

（1）预防

① 蹄叶炎是高产而管理粗放的奶羊群的大患。为了使奶羊达到最高生产能力而不发生慢性蹄叶炎，必须重视经常的精细饲养管理。特别重要的是，要避免突然给予大量浓厚饲料。

② 定期修剪蹄子，使其正常负荷体重和进行运动。

③ 有计划地定期接种肠毒血症菌苗。

（2）治疗 奶山羊的急性蹄叶炎往往难以治愈，必须抓紧时间，采用综合疗法。

① 用热酒糟、醋炒麸皮等温包病蹄，每日1～2次，每次2～3小时，连用5～7天。

② 抗组织胺疗法，注射苯海拉明2～3毫升，并结合静脉注

射电解质，以利毒物的排出。

③ 当子宫有感染时，应给子宫内灌注10份等渗盐水和1份过氧化氢溶液，促使腐败物从子宫排出，然后灌注抗生素。

④ 对发生难产的羊，应及时使用缩宫素，帮助子宫复归。产后24～36小时胎衣不下者，可采取"胎衣不下"的疗法，促进胎衣排除。

⑤ 当因变换饲料、过食料或营养过于丰富的粗饲料而引起山羊停食时，应内服硫酸钠100～120克或石蜡油80～100毫升，以帮助解除瘤胃酸中毒和排出毒物。

八、乳头状瘤

乳头状瘤是源于皮肤的一种良性肿瘤，常呈结节状或乳头状。

【病原】

病原为乳头状瘤病毒。有好几种因素有利于乳头状瘤的发生，包括皮肤缺乏色素、日光照射和年龄等。在日晒时间较长的情况下，缺乏色素的皮肤比有色素的皮肤容易发病。

【症状】

乳头状瘤多见于头部、颈部、四肢、胸部和乳房，呈结节状或乳头状，突出于皮肤表面（图4-8-1）。

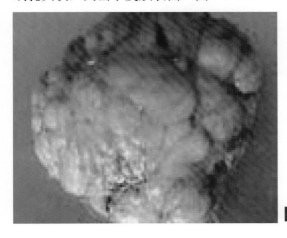

图4-8-1 乳头状瘤

【防治】

较小的可用硫酸铜棒腐蚀或烧烙法除去。有蒂的，结扎蒂部，切断其血液供给，即可将其除去。亦可采用冷冻外科法或外科手术切除并烧烙止血。治疗乳头状瘤的根治性措施是手术，非手术不能彻底治愈。

九、淋巴肉瘤

淋巴肉瘤又称恶性淋巴瘤、淋巴组织增生病、白血病，是淋巴组织的一种恶性肿瘤。

【症状及病理变化】

淋巴肉瘤开始发生于淋巴结，以后逐渐向肝脏、肺脏、肾脏（图4-9-1）、脾脏、心脏和子宫等组织器官转移、扩散，导致机体多种功能衰竭而死亡。

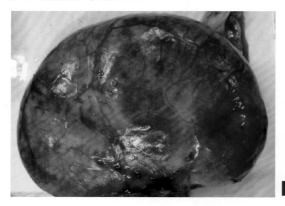

图4-9-1　肾脏的淋巴肉瘤

淋巴结特别是肩前和股前淋巴结明显肿大，变形，质地坚实，切面出现大小不等的灰白色肿瘤结节或完全被肿瘤组织代替，有包膜，与周围界限清楚。转移、扩散到其他组织器官的淋巴肉瘤一般呈大小不一的结节状，小者如大米粒，大者如蚕豆，但在心脏、子宫除表面出现肿瘤结节以外，器官肿大，壁变肥厚。

【防治】

尚无有效的预防措施。早期可尝试手术切除，但很难切除干净。病羊尽早淘汰。

十、疝气

疝气是腹部的内脏从天然孔道或病理性破裂孔脱出至皮下或其他腔孔的一种疾病。常见的有脐疝和腹股沟阴囊疝。

【病因】

有先天性缺损（脐孔或腹股沟管开口过大）和病理性缺损（如腹肌破裂等），后者常因外力作用（斗殴、棍棒打击等），或腹压剧增（跳跃、分娩努责等）所引起。

【症状】

脐疝常见于羔羊，多为先天性的脐孔闭合不全或腹壁发育有缺陷。在脐部有一明显的触之柔软、没有痛感且易压回的肿胀物，其中多为小肠及其肠系膜。将内容物整复后，可触到疝孔（图4-10-1）。

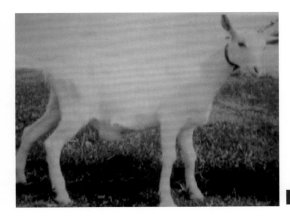

图4-10-1　羊脐疝

腹股沟阴囊疝时，一侧或两侧阴囊明显增大，阴囊皮肤紧张发亮，捕捉或腹压增大时，症状加重。提举两后肢并挤压增大的阴囊，常可使疝内容物还纳回腹腔中，肿胀的阴囊缩小到自然状态，但有些由于肠壁与囊壁发生粘连而不能还纳（图4-10-2）。

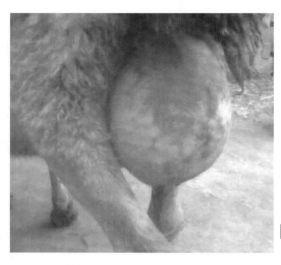

图4-10-2　羊腹股沟阴
囊疝

【防治】

脐疝和腹股沟阴囊疝，可以通过手术疗法将肠道送回腹腔内，如果肠壁与囊壁粘连，要小心将粘连处进行剥离，封闭疝孔，将多余的囊壁及皮肤做对称切除，缝合手术创口。

第五章

产科病

一、流产

羊流产是指母羊的妊娠过程受到破坏而中断，其表现为胚胎被吸收、早产或产出死胎。

【病因】分传染性和非传染性两大类。

（1）传染性流产病因病原体有布氏杆菌、弯杆菌、鹦鹉衣原体等。

（2）非传染性流产病因

① 长期营养不足导致母羊瘦弱；饲喂冰冻饲料或冰水；饲料发霉或含毒物等。

② 机械性损伤如踢伤或因饲养密度过大而造成互相挤压冲撞；公母羊同圈乱交配。

③ 胎儿畸形及胎儿器官发育异常；胎膜水肿，胎水过多或过少，胎盘炎等可导致流产。

④ 母羊患病，如肝、肾、肺、胃肠的疾病及神经性疾病等破坏了妊娠过程而引起流产。

【症状】

突然发生流产者，产前一般无特征表现。发病缓慢者，表现

精神不佳，食欲停止，腹痛起卧，努责咩叫，阴户流出羊水（图
5-1-1），待胎儿排出后稍为安静。若同一群羊病因相同，则陆续
出现流产，直至受害母羊流产完毕，方能稳定下来。外伤性致病
结果，可使羊发生隐性流产，即胎儿不排出体外，自行溶解，形
成胎骨残留于子宫。由于受外伤程度的不同，受伤的胎儿常因胎
膜出血、剥离，于数小时或数天排出体外。

图5-1-1　病羊流产

【防治】根据病因采取相应的防治措施。

（1）确断布氏杆菌引起的流产病，必须经细菌检验，阳性者
及时隔离，以淘汰屠宰为宜。对污染的用具和场地进行彻底消毒；
对流产的胎儿、胎衣及其产道分泌物作深埋处理。对于菌检呈阴
性者，可用布氏杆菌猪型2号弱毒苗或羊型5号弱毒苗进行免疫
接种。

（2）确断弯杆菌引起的流产病，用呋喃西林全群预防性治疗，
每只0.6～0.7克，连服3天。

（3）预防衣原体性流产病，可用羊衣原体流产病油乳剂灭活
苗，皮下注射3毫升/只。

（4）对于非传染性流产病，应以加强饲养管理为主，预防各
种病因的发生。对有流产先兆的母羊，可用黄体酮注射液（含15
毫克），1次肌内注射。如果胎儿死亡未排出，且子宫已开张时，
可注射脑垂体后叶素1～2毫升。

二、产后败血症

母羊在分娩时由于机体抵抗力下降失去了自身的抗感染能力，引起严重感染。若处理不及时，局部感染会波及全身，引发败血症和脓毒血症。

【病因】

产后败血症是由于助产不当，软产道受到损伤、子宫脱、胎衣不下、化脓性乳腺炎等没有得到及时处理，受到细菌严重感染，加上母羊产后体质差，机体的防御机能弱，生殖道黏膜上血管扩张，使细菌很快进入血液，造成全身感染等而引起的。主要病原菌为溶血性链球菌、金黄色葡萄球菌、大肠杆菌及化脓性棒状杆菌等。

【症状】

产后败血症体温上升至40～41℃后，四肢末梢发凉；病羊卧地呈半昏迷状态（图5-2-1）。食欲废绝，反刍停止，喜饮水；脉搏快速，呼吸浅快。随病程发展，患羊腹泻，粪中带血、腥臭，表现高度衰竭。急性病例可在2～3天内死亡。

图5-2-1　产后败血症

产后脓毒血症病情时好时坏，体温40～41℃，后有下降，甚至恢复正常，呈弛张热型，反映体内脓灶形成，局限、转移形成新脓灶的反复过程。

【防治】

（1）预防

① 本病宜精心护理，喂以营养丰富易消化的饲料，充分饮水，加厚垫草，定时翻转羊体。

② 预防本病要对产房、产室严格消毒；助产人员和使用的器械要严格消毒，助产手术要在无菌的条件下进行；分娩过程中损伤产道时，要及时给予治疗，避免造成细菌感染。

③ 产后要加强护理，注意观察，一旦发现病畜要先清除局部感染，涂布青霉素软膏。子宫内感染，要用子宫收缩剂排出子宫内的炎性产物。

（2）治疗　本病病程发展急剧，需以及时治疗、消除病原和增强机体抵抗力为原则。

① 全身使用广谱抗生素和磺胺类药。

② 大剂量补充水分和营养成分。防止酸中毒。

③ 肌内注射催产素促进子宫内分泌物及分解产物的排出。

④ 体表局限性脓灶可行外科处理。

三、难产

羊难产是指羊在分娩过程发生困难，不能将胎儿顺利地由阴道排出来。

【病因】

母羊发育不全，提早配种，骨盆和产道狭窄，加之胎儿过大，不能顺利产出；营养失调，运动不足，体质虚弱，老龄或患有全身性疾病的母羊引起子宫及腹壁收缩微弱及努责无力，胎儿难以产出；胎位不正，羊水泡破裂过早，使胎儿不能产出，成为难产。

【症状】

孕羊发生阵痛，起卧不安，时有拱腰努责，回头顾腹，阴门肿胀，从阴门流出红黄色浆液，有时露出部分胎衣，有时可见胎儿蹄或头，但胎儿长时间不能产出（图5-3-1）。

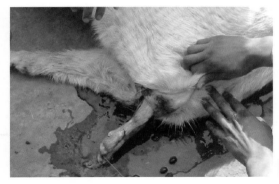

图5-3-1　羊难产

【防治】

（1）预防

① 对于留作繁殖用的母羊，从小就要加强饲养管理，保证发育良好，体格健壮。

② 怀孕期间，保持母羊体况良好，但不可过肥。为此应该分群饲养管理。

③ 对于接近预产期的母羊，应再进行分群，特别多加照管。

④ 在分娩过程中，要尽量保持环境安静，接产人员不要高声喧哗。

⑤ 当发现分娩时间拉长时，即应进行产道检查，根据反常情况进行助产。只要发现及时，母羊还有分娩力量，稍微加以帮助，即容易产出，可以防止发生严重的难产。

⑥ 产道检查。

（2）治疗

羊发病后应及时采取助产方法进行治疗。对于子宫颈扩张不全或子宫颈闭锁，胎儿不能产出，或骨骼变形，致使骨盆腔狭窄，胎儿不能正常通过产道者，可进行剖腹产。

四、胎衣不下

胎儿出生以后，母畜排出胎衣的正常时间在绵羊为2～6小时、山羊为1～5小时，如果在分娩后超过14小时胎衣仍不排出，

即称为胎衣不下。此病在山羊和绵羊都可发生。

【病因】

（1）产后子宫收缩不足

① 子宫因多胎、胎水过多、胎儿过大以及持续排出胎儿而伸张过度。

② 饲料质量不好，尤其饲料中缺乏维生素、钙盐及其他矿物质时，而使子宫发生弛缓。

③ 怀孕后期缺乏运动或运动不足，往往会引起子宫弛缓，因而胎衣排出很缓慢。

④ 分娩时母羊肥胖，可使子宫复旧不全，因而发生胎衣不下。

⑤ 流产和其他能够降低子宫肌肉和全身张力的因素，都能使子宫收缩不足。

（2）胎儿胎盘和母体胎盘发生愈着，患布氏菌病的母羊常因此而发生胎衣不下

① 子宫内膜炎，子宫黏膜肿胀，使绒毛固定在凹穴内，不容易让绒毛从凹穴内脱出来。

② 胎膜发炎，绒毛肿胀，与子宫黏膜紧密粘连，即使子宫收缩，也不容易脱离。

【症状】

未脱下的胎衣垂吊在阴门之外（图5-4-1）。病羊背部拱起，时常努责，有时由于努责剧烈可能引起子宫脱出。如果胎衣能在14小时以内全部排出，多半不会发生什么并发病。但若超过一天，则胎衣会发生腐败，尤其是气候炎热时腐败更快。从胎衣开始腐败起，即可因腐败产物引起中毒，而使羊的精神不振，食欲降低，体温升高，呼吸加快，泌乳量降低或停止，并从阴道中排出恶臭的分泌物。由于胎衣压迫阴道黏膜，可能使其发生坏死。此病往往并发败血病、破伤风或气肿疽，或者造成子宫或阴道的慢性炎症。如果羊只不死，一般在5～10天内全部胎衣发生腐烂而脱落。山羊对胎衣不下的敏感性比绵羊为大。

图5-4-1 山羊胎衣不下

【预防】

（1）预防　加强孕羊的饲养管理，饲料的配合应不使孕羊过肥为原则，每天保证适当运动。

（2）治疗　在产后14小时以内，可待其自行脱落。如果超过14小时，即须采取适当措施。

1）手术剥离胎衣

2）皮下注射催产素2～3单位

3）治疗败血症

① 肌内注射青霉素40万单位，每6～8小时1次；链霉素1克，每12小时1次。

② 将四环素50万单位，加入5%葡萄糖注射液100毫升中，静脉注射，每日2次。

③ 用1%冷食盐水冲洗子宫，排出盐水后给子宫注入青霉素40万单位及链霉素1克，每日一次，直至痊愈。

④ 10%～25%葡萄糖300毫升，40%乌洛托品10毫升，静脉注射，每日1～2次，直至痊愈。

⑤ 结合临床表现，及时进行对症治疗，如给予健胃剂、缓泻剂、强心剂等。

五、子宫内膜炎

子宫内膜炎是指子宫内膜的化脓性和坏死性炎症，以屡配不孕、经常从阴道流出浆液性或脓性分泌物为特征。

【病因】

（1）常发生于流产前后，尤其是传染病引起的流产。这种子宫内膜炎容易相互传染，如不及时采取防制措施，正常分娩的羊也难免受到感染。

（2）分娩时期圈舍不清洁，或接产过程消毒不严，容易引起发病。

（3）为阴道脱出、子宫脱出、胎衣不下及阴道炎等疾病的继发症。

【症状】临床表现有急性和慢性两种情况。

急性子宫内膜炎，病羊体温升高，食欲减少，反刍停止，精神萎靡，常从阴门流出污红色腥臭的排出物，阴门周围及尾部有干痂附着（图5-5-1）。由于炎性渗出物的刺激，同时可使阴道及前庭发炎。有时由于病羊努责而发生阴道不全脱出。如为传染性子宫炎，则体温显著增高，病羊极度虚弱，泌乳停止，有时表现昏迷及中毒现象，甚至造成死亡。

图5-5-1　子宫内膜炎

慢性子宫内膜炎多由急性转变而来，食欲稍差，阴门排出少量卡他性或脓性渗出物，发情不规律或停止发情，不易受胎。卡他性子宫内膜炎有时可以变为子宫积水，造成长期不孕。

【防治】

（1）预防

① 加强饲养管理，防止发生流产、难产、胎衣不下和子宫脱出等疾病。

② 预防和扑灭引起流产的传染性疾病。

③ 加强产羔季节接产、助产过程的卫生消毒工作，防止子宫受到感染。

④ 抓紧治疗子宫脱出、胎衣不下及阴道炎等疾病。

⑤ 严格隔离病羊，不可与分娩的羊同群喂管。

⑥ 加强护理，保持羊舍的温暖清洁，饲喂富于营养而带有轻泻性的饲料，经常供给清水。

（2）治疗

① 抓紧治疗急性子宫内膜炎，全身注射青霉素或链霉素，防止转为慢性。

② 可用0.1%高锰酸钾100～200毫升、1%～2%小苏打、1%的盐水或含有0.05%的呋喃唑酮盐水冲洗子宫，每日或隔日1次。在子宫内有较多分泌物时，盐水浓度可提高到3%。如果子宫颈口关闭，可给子宫颈涂以2%碘酒，使它变得松弛。冲洗后灌注青霉素40万单位。

③ 子宫内给予广谱抗菌药，抗菌药物0.5～1克用少量生理盐水溶解，做成溶液或混悬液，用导管注入子宫，每日2次，也可每日向子宫内注入5%～10%的呋喃唑酮混悬液10～20毫升。

④ 在子宫内有积液时，可注射雌二醇2～4千克，4～6小时后注射催产素10～20单位，促进炎症产物排出。配合应用抗生素治疗，可收到较好的疗效。

六、乳腺炎

乳腺炎多见于泌乳期，其临床特征为乳腺发生各种不同性质的炎症，乳房发热、红肿、疼痛，影响泌乳机能和产乳量。常见的有浆液性、卡他性、脓性和出血性乳腺炎。

【病因】

由于环境卫生条件差、挤奶方法不妥、乳房过分充盈、创伤或产前饲食过多等原因，致使病原菌经乳头孔和创伤口进入乳房而引起，尤以干奶期和分娩期舍饲的高产及经产母羊多发。也见于结核病、口蹄疫、子宫炎、羊痘、脓毒败血症等过程中。

【症状】

乳腺炎是泌乳母羊最为常见和危害最严重的疾病之一，尤其是奶山羊。本病可分为临床型和隐性型乳腺炎，后者占多数。症状以乳房热、痛、肿为特征（图5-6-1），乳房内有硬结，奶变色或变质。鲜奶呈水样（图5-6-2），灰白色或深黄色，浓稠、絮状凝

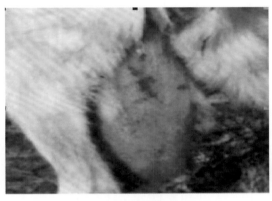

图5-6-1　病羊乳房肿胀、
　　　　　发红

图5-6-2　病羊乳房肿大、
　　　　　乳汁稀薄

块或混有血液等。病初乳房肿胀，皮肤发紫，以后越发肿大，外观有许多小丘，直到化脓溃烂，乳腺组织被破坏而丧失产奶能力。母羊行走时后腿跛行，食欲丧失，便秘，发烧。

【防治】

（1）预防

① 注意挤乳卫生，扫除圈舍污物，在绵羊产羔季节应经常注意检查母羊乳房。

② 为使乳房保持清洁，可用0.1%新洁尔灭溶液经常擦洗乳头及其周围。

③ 挤奶后用消毒液浸泡乳头，尤其是在奶山羊分娩前后和干奶期应坚持这样做。

④ 在病羊初期，应减少精料和水的喂量，增加挤奶次数，病重的母羊应停止挤奶。

（2）治疗

1）全身治疗（选用下列方法之一）

① 红霉素每千克体重2～4毫克，或螺旋霉素15毫克，或庆大霉素3～6毫克，肌内注射。

② 氯霉素25～50毫克，或磺胺和甲氧苄氨嘧啶50～100毫克，静脉注射。

③ 林可霉素10毫升，或泰乐霉素120毫克，肌内注射。

④ 口服磺胺类药物等。

2）局部治疗　生理盐水或0.05%～1%雷佛奴尔500～1000毫升经乳头注入冲洗乳房，连续数次，然后注入20万～40万单位青霉素或10万～25万单位土霉素，连续处理2～3天。同时辅以冷敷（炎症初期）和热敷（40～45℃）处理。

七、不孕症

羊体成熟后达到繁殖年龄或分娩后经过一定时间不能正常受胎称为不孕症。表现为性周期不规则，即发情周期少于14天或超过30天以上仍缺乏发情。经产母羊空怀天数超过90天。处女母羊配种5个以上发情期不能怀孕或空怀年龄超过20.5月龄，30月龄后仍不能投产。

1. 营养性不孕症

（1）蛋白质长期供应不足引起不孕　蛋白质长期供应不足，不仅可使膘情下降而且新陈代谢发生障碍，其中包括生殖系统机能性变化。常表现为一侧或两侧卵巢萎缩，持久黄体，发情排卵均不明显。经产母羊产后4～6个月不发情。防治办法：要合理搭配精料，尤其是加强蛋白质饲料的供应。

（2）碳水化合物供应不足引起不孕　碳水化合物是母畜能量的源泉，如供应不足也可引起蛋白质代谢障碍，使机体内酸碱平衡失调。主要表现为性周期紊乱、卵巢萎缩，通常无卵泡成熟，有时出现持久黄体或卵巢囊肿。防治办法：加强饲养管理，多供给碳水化合物饲料。

（3）维生素缺乏引起不孕　维生素A、维生素B族、维生素D、维生素E缺乏均可造成母羊不孕，表现为持久性黄体、卵巢萎缩，个别出现卵巢囊肿。对长期不孕的羊或出现性周期不正常的，可加喂维生素E，因羊本身不能合成维生素E，在冬季，长期舍饲或饲喂稻草而出现较多的不孕羊时，可加喂维生素制剂。

（4）矿物质缺乏引起不孕　对不孕有影响的主要是钙、磷、钴、铀。如磷不足可引起母畜无情期，钙不足、磷过多可引起卵巢萎缩、质地坚硬，发情后生殖器官出血严重、排卵延迟、受胎率低。防治办法：要适当加喂骨粉或补充矿物质添加剂。

（5）蛋白质过多和过肥引起不孕　当长期饲喂过量的蛋白质和脂肪性饲料，同时矿物质、维生素供应缺乏，加上运动不足时，会造成不孕。过肥时，会造成脂肪在卵巢及其周围大量沉积，导致卵巢发生脂肪变性，出现持久性黄体，个别的羊虽性周期正常，但屡配不孕。防治办法：减少精料、糖料、豆饼等造成蛋白质、脂肪沉积的饲料，但必须保证青饲料的供应，母羊的膘情以6～7成为宜，控制哺乳，加强运动，适当加喂食盐，由药物激活卵巢的活动。

（6）管理不当造成的不孕　当羊群在寒冷、潮湿、光线弱、通风不良环境中或羊舍高温、无适当的运动也可使母羊经常处在紧张状态之下，再得不到完全光照，便会造成性周期紊乱，使得卵巢体积缩小，无成熟卵泡，且有明显的持久黄体。应改善饲养条件，适当运动，用药物促进生殖机能的恢复。

2.生殖器官疾病引起的不孕

（1）卵巢机能衰退，卵巢静止，久不发情，性机能不期衰退，卵巢萎缩　卵巢机能暂时性扰乱，性周期长，卵巢明显萎缩硬化，子宫收缩力减弱，泌乳明显下降。

防治：乙烯雌酚10～15毫升，肌注；或1次/2天，连用3次，6天后如无性欲，可用绒毛膜促性腺激素200～500单位，肌注；或促卵泡生成素100～200单位，1次/天，肌注，连用2～3次。发情后可用促黄体生成素100～200单位，肌注；或孕马血清促性腺激素200～500单位，肌注；或三合激素，每10千克体重1毫升，肌注；或中药当归、菟丝子各40克、枸杞子50克、益母草20克、阳起石30克、补骨脂10克、藕叶5个、干草50克、红糖50克，煎服，每天一副，连用3天。

（2）持久黄体　性周期或分娩后的卵巢中黄体超过25～30天，不消退者称为持久黄体，前者为周期黄体，后者为妊娠黄体。症状为性周期停止，不发情，个别母羊出现很不明显的发情。

防治：用促卵泡生成素100～200单位，肌注，1次/2天，连用2次；或三合激素，每10千克体重2毫升，肌注；或前列腺素5毫升，加20毫升生理盐水灌注子宫；或氦氖激光照射交巢穴，每次10分钟，每天一次，连用3天。

（3）卵巢囊肿　分为黄体囊肿和卵泡囊肿。卵泡囊肿是卵泡上皮变性、卵泡壁结缔组织增生变厚、卵细胞死亡、卵泡液未被吸收引起（图5-7-1、图5-7-2），造成慕雄狂。症状为母畜频频发情，外阴部下垂、充血，卧地时外阴门张开，伴随流出透明的分泌物，性情粗野，严重时叫声变粗，频频爬跨和排尿，每次发情期6～8天。

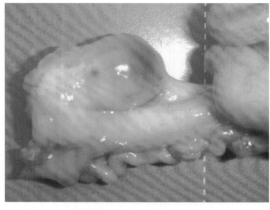

图5-7-1　高度胀大的卵
泡，形圆，壁薄

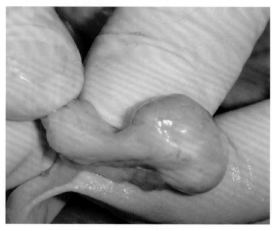

图5-7-2　卵泡液未被吸
收，形成囊肿

防治：黄体酮50～100毫克，肌注，每天一次，连续3天；或促黄体生成素100～200单位，肌注3次；或绒毛膜促性腺激素，加30毫升生理盐水，每天冲洗子宫，连用3天。

（4）黄体囊肿是未经排卵的卵泡壁上皮黄体形成的囊肿。症状为完全停止发情，卵巢上黄体突出，且富有弹性。

治疗：子宫内用前列腺素5毫克，加生理盐水20毫升冲洗，注射绒毛膜激素200～500单位，用针刺法去除囊液。

（5）子宫疾病

① 子宫复位不全　病因为难产、子宫脱出、胎衣不下、胎水过多、胎儿过大、多胎、妊娠期及产后期缺乏运动。症状为产后恶露滞留或排出时间延长，子宫颈在产后1～2周仍开放，恶露从浅红色渐渐变成黏液性。

防治：补液结合抗生素治疗。脑垂体后叶激素50～100单位，肌注；土霉素粉10克加蒸馏水50毫升灌注；柠檬酸3克、土霉素2克制成泡沫剂冲洗子宫。

② 子宫内膜炎　母畜的发情周期及发情表现正常，直检时触诊子宫较肥厚，阴道中存有从子宫分泌的稍浑浊的黏液状炎性分泌物。

防治：用1%土霉素100毫升、0.05%～0.1%高锰酸钾溶液50毫升，反复冲洗，然后子宫内放入土霉素胶囊3克。对不明显的子宫内膜炎，可在配种前1～2小时用80万单位青霉素和100万单位链霉素加5～10毫升生理盐水冲洗，然后配种。

3.反复输精产生免疫而造成不孕

精子有特异性抗原和血型抗原，由于精子具有抗原性，多次重复交配和反复输精会引起母畜体内滴度升高，每输精一次，畜体血清与精子凝集就增高。

【防治】

（1）对产后子宫复原不全或母畜有病者不可输精。

（2）对于4个性周期输精不孕时，在以后2个性周期内不输精。

（3）用2.9%柠檬酸钠精液稀释液20毫升加80万单位青霉素，1天1次冲洗子宫。

八、妊娠毒血症

羊妊娠毒血症也称羊妊娠中毒症，多发生在妊娠中后期。具有较高的死亡率，低血糖、酮血症、失明等是其显著特征。

【病因】

（1）饲养管理不当，饲料单一、营养不足或不全，缺乏运动，致使妊娠羊营养失调，物质代谢减弱，对外界环境适应能力降低。

（2）怀孕母羊随着胎儿生长发育，不能满足胎儿及本身的营养需要，产前易发生妊娠毒血症。

【症状及病理变化】

患病母羊在临产前，精神不振，心音增强，尿少、色黄如油状；食欲不振或废绝（图5-8-1），喝水少，粪便时干时稀；体温正常或偏低，耳震颤，全身发抖，咬牙；反射机能减弱，运动失调，盲目运动；站立不稳，最后昏迷而死亡。

肝脏肿大，质脆易碎，肝变性（图5-8-2）；肾脏肿大，出血并有脂变；心脏变性，质脆、心内外膜有出血点；脾充血和出血；胃肠黏膜下出血及坏死炎症，腹水增多。

图5-8-1　羊妊娠毒血症

图5-8-2　肝脏肿大，呈红黄色

【诊断】

根据母羊的发病症状，结合母羊临产前拒食及营养状况，是否圈养、缺乏运动，日粮搭配是否合理等，再根据剖检变化，一般即可确诊。有条件可进行实验室检查。

【治疗】

（1）保肝、提高血糖，50%葡萄糖每次100毫升，加维生素C注射液0.5克，静脉注射，连用7天。

（2）促进代谢，氢化可的松注射液0.08克，加入10%葡萄糖溶液稀释，静脉注射，每日一次，连用7天。维生素B_1注射液0.05克，一次肌内注射，每日一次，连用7天。

（3）纠正酸中毒，5%碳酸氢钠注射液100毫升静脉注射，每日一次，连用4天。心力衰竭时注射强心药，食欲不佳时给予健胃药物。

九、子宫脱出

子宫脱出是指子宫的一部分或全部脱出于阴道内或阴道外。

【病因】

本病继发于分娩，多见于分娩后数小时内。妊娠期营养不良、运动不足、过于肥胖、胎儿伸张和弛缓，同时分娩后努责仍很剧烈，易发生子宫脱出。胎水过多、胎儿过大及过多等因素，引起子宫肌过度伸张。

【症状及病理变化】

如果只有一个子宫角怀孕时，从阴门裂中垂出红色、发亮、拳头大以至小儿头大的梨形物，其末端扩大下垂到跗关节，而另一个子宫角则包在脱出部分之内，并不外翻。在两个子宫角都怀孕时，则脱出子宫的大小加倍，表面有杯状子叶。

严重时与阴道共同翻转而脱出。如果在空气中停留时间过久，则变为暗红色，往往因受到粪尿及蓐草的污染而发生黑色斑点（图5-9-1）。时间再长时，黏膜下组织及肌内层发生水肿，逐渐坏死。严重的子宫脱出常常并发便秘或拉稀。

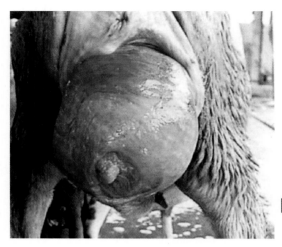

图5-9-1 从阴门中脱出红色，拳头大的子宫阜

【诊断】

依据从阴道脱出组织的特殊形状，容易作出诊断。但应注意与阴道脱出相鉴别，阴道脱出后其外观呈球形囊状，表面光滑，体积较小，与子宫脱出外观不同。

【防治】

（1）预防

① 平时加强饲养管理，保证饲料质量，使羊身体状况良好。

② 在怀孕期间，保证羊只有足够的运动，增强子宫肌内的张力。

③ 多胎的母羊，往往在产后14小时左右才发生子宫脱出，因此在产后14小时以内必须细心注意产羔羊，以便及时发现病羊，尽快进行治疗。

④ 遇到胎衣不下时，绝不要强行拉出。

⑤ 遇到产道干燥时，在拉出胎儿之前，应给产道内涂灌大量油类，以预防子宫脱出。

（2）治疗

① 对病羊进行全身麻醉，提高后躯，用消毒药液冲洗子宫，清除黏膜上的泥土、草屑及未脱落的胎盘碎片。

② 用温热的2%明矾液或1%硼酸溶液冲洗子宫。若水肿严重，应在冲洗的同时揉掐压迫子宫，使水肿液得以排出。最后在子宫黏膜表面涂上抗生素软膏。

③ 用灭菌大纱布包裹子宫，防止子宫再次污染，将两手置于子宫基部慢慢向内还纳。如还纳后子宫不能正常复位，可施行剖腹术，使子宫完全恢复至正常位置。

④ 为防止再次脱出，应进行阴门缝合，

十、阴道脱出

阴道脱出是阴道部分或全部外翻脱出于阴户之外，阴道黏膜暴露在外面，引起阴道黏膜充血、发炎，甚至形成溃疡或坏死的疾病。

【病因】

饲养管理不良，羊体弱、年老，致使阴道周围的组织和韧带弛缓；怀孕羊到后期腹压增大；分娩或胎衣不下而努责过强。助产时强行拉出胎儿，常是发生阴道脱的直接原因。

【症状】

阴道脱出有完全脱出和部分脱出两种。当完全脱出时，脱出的阴道如拳头大，也可见阴道连同子宫颈脱出。部分脱出时，仅见阴道入口部脱出，大小如桃（图5-10-1）。外翻的阴道黏膜发红，

图5-10-1　阴道脱出

甚至青紫，局部水肿。因摩擦可损伤黏膜，形成溃疡，局部出血或结痂。病羊常在卧地后，被地面的污物、垫草、粪便黏附于脱出的阴道局部，导致细菌感染而化脓坏死。严重者，全身症状明显，体温可高达40℃以上。

【防治】

体温升高者，用磺胺嘧啶5～8克，每日1次内服，连用3日；或用青霉素和链霉素肌内注射；配合0.1%高锰酸钾溶液或新洁尔灭溶液清洗局部，涂擦金霉素软膏或碘甘油溶液。然后，用消毒纱布捧住脱出的阴道，由脱出基部向骨盆腔内缓慢地推入，至快送完时，用拳头顶进阴道，然后用阴门固定器压迫阴门，固定牢靠为止。对形成习惯性脱出者，可用粗线对阴门四周做减张缝合，待数日后，阴道脱出症状减轻或不再脱出时，拆除缝线。

第六章

代谢病和
中毒病

一、白肌病

羔羊白肌病是一种以骨骼肌、心肌纤维以及肝组织等发生变性、坏死为主要特征的疾病，因病变肌肉色淡、甚至苍白而得名，以病羔拱背、四肢无力、运动困难、喜卧等为主要特征。

【病因】

主要是饲料中硒和维生素E缺乏或不足，或饲料内钴、锌、银等微量元素含量过高而影响动物对硒的吸收。机体内硒和维生素E缺乏时，使正常生理性脂肪发生过度氧化，组织细胞发生退行性病变、坏死。病变可波及全身，但以骨骼肌、心肌受损最为严重，可引起运动障碍和急性心肌坏死。

【流行特点】

本病常在春夏之际发生，呈地方流行性，砂土或沼泽地区发生较多，1～5周龄的羔羊及仔山羊最易患病。死亡率有时可达40%～60%。

【症状】

羔羊常于放牧及采食时突然倒地死亡，病羔体温正常，心跳节律不齐。病程较长者，最初精神沉郁，离群，不愿行动，食欲降低或废绝，以后卧地不起，颈部僵直而偏向一侧（图6-1-1）；如果强迫起立，轻者走路摇摆，肢体强硬；重者站立不稳或举步跌倒；少数病羔有腹泻症状。最严重者突然不安，哀叫，10～30分钟死亡。较重者多3～4天死亡。

图6-1-1　病羊卧地不起，颈部偏向一侧

【病理变化】

主要是肌肉发生对称性病变，即身体两侧的同种肌肉发生病变，后腿最为明显。病变骨骼肌呈浅黄色或灰黄色，有时为白色（图6-1-2），肌组织干燥，表面粗糙不平。心包中有透明或红色液体，心肌呈苍白色（图6-1-3），较柔软，有时有出血点。皱胃发炎、出血；十二指肠、空肠、回肠和部分盲肠黏膜呈紫红色，充血或出血，其内容物呈红色粥状。

图6-1-2　骨骼肌有条片状灰白色病变

【诊断】

可根据发病情况，临床症状、病理剖检等综合分析，诊断为白肌病。还可借助实验室检查确诊。

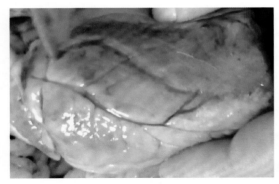

图6-1-3　心肌呈苍白色

【防治】

（1）预防

① 在缺硒地区，每年所生新羔羊于出生后20天，用0.2%亚硒酸钠液1毫升皮下或肌内注射，间隔20天后再注射1.5毫升。

② 供给豆科牧草，对怀孕母羊补给0.2%亚硒酸钠4～6毫升，皮下或肌内注射，能预防新生羔羊白肌病。

（2）治疗（选取下列方法之一）

① 给日粮中增加燕麦或大麦芽，补给磷酸钙，亦可拌入富含维生素E的植物油。

② 用0.2%亚硒酸钠溶液1.5～2毫升，皮下注射。

③ 皮下或肌内注射维生素E，剂量为10～15毫克，每天1次，连续应用，直到痊愈为止。

二、佝偻病

羊佝偻病是羔羊在生长发育期中，因维生素D不足，钙、磷代谢障碍所致的骨骼变形的疾病。

【病因】

该病主要见于维生素D含量不足及日光照射不够，以致哺乳羔羊体内维生素D缺乏；怀孕母羊或哺乳羊饲料中钙、磷比例不当。圈舍潮湿、污浊、阴暗，羊消化不良，营养不佳，均可成为该病的诱因。放牧母羊秋膘差，冬季未补饲，春季产羔，羔羊更易发此病。

【症状】

病羊轻者主要表现为生长迟缓，异嗜，喜卧，卧地起立缓慢，行走步态摇摆，四肢负重困难，关节肿大，以腕关节较明显（图6-2-1）。患病后期，病羔以腕关节着地爬行，躯体后部不能抬起；重症者卧地，呼吸和心跳加快。

图6-2-1 病羊步态摇摆，关节肿大

【防治】

（1）预防

① 加强怀孕母羊和泌乳母羊的饲养管理，饲料中应含有较丰富的蛋白质、维生素D和钙、磷，注意钙磷比例，供给充足的青绿饲料和青干草，补喂骨粉，增加运动和日照时间。

② 羔羊饲养更应注意，有条件的喂给干苜蓿、胡萝卜、青草等青绿多汁的饲料，并按需要量添加食盐、骨粉、各种微量元素等。

（2）治疗 维生素A或维生素D注射液3毫升，肌内注射；精制鱼肝油3毫升，灌服或肌内注射。补充钙制剂，可用10%的葡萄糖酸钙注射液5～10毫升。

三、维生素A缺乏症

维生素A缺乏症是由于饲料中长期缺乏维生素A所引起的一

种代谢性疾病，多见于舍饲奶山羊、妊娠母羊及幼羊。其特征为角膜及结膜干燥，视力衰退，失明，母羊流产。

【病因】

饲料中缺乏胡萝卜素或维生素A；饲料调制加工不当，加速饲料中维生素A类物质的氧化分解，导致维生素A缺乏。当羊处于蛋白质缺乏的状态下，便不能合成足够的视黄醛结合蛋白质运送维生素A。脂肪不足会影响维生素A类物质在肠中的溶解和吸收。因此，当蛋白质和脂肪不足时，即使在维生素A足够的情况下，也可发生功能性的维生素A缺乏症。此外，慢性肠道疾病和肝脏有病时，最易继发维生素A缺乏症。

【症状】

缺乏维生素A的病羊，特别是羔羊，最早出现的症状是夜盲症，常发现在早晨、傍晚或月夜光线朦胧时，患羊盲目前进，碰撞障碍物，或行动迟缓，小心谨慎；继而骨骼异常，常继发唾液腺炎、肾炎、尿石症等；后期病羔羊的干眼症尤为突出，导致角膜增厚和形成云雾状（图6-3-1）。

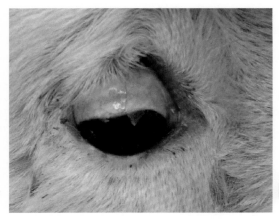

图6-3-1　羊角膜干燥，视力衰退

【防治】

（1）预防

① 加强饲料的管理，防止饲料发热、发霉和氧化，以保证维

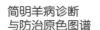
生素A不被破坏。

② 在冬季饲料中要有青贮饲料或胡萝卜，秋季贮收的干草要绿；长期饲喂枯黄干草应适当加入鱼肝油。

（2）治疗

① 饲料加入维生素AD粉，按说明书使用量添加。

② 病重羊肌内注射维生素ADE注射液，成年羊5毫升/只，羔羊1～2毫升/只。

③ 对有眼部症状的羊，结膜涂红霉素眼膏，每天1次。

④ 每天在羊舍内驱赶羊运动，上、下午各1小时，每只羊每天喂给优质紫花苜蓿和胡萝卜各0.25千克，连用3天。

四、食毛症

绵羊食毛症是绵羊羊羔的一种代谢紊乱疾病，表现喜欢舐食羊毛。由于食毛过多，影响消化，甚至并发肠梗阻造成死亡。尤以冬春圈养羊羔常发，山羊少见。

【病因】

（1）无机盐及微量元素的缺乏，日粮中含硫氨基酸（胱氨酸、半胱氨酸和蛋氨酸）缺乏，即发生食毛症；钴和铜缺乏以及钙磷缺乏或比例失调发生的佝偻症亦能引发此病。圈养期间，仅投放牧草或农作物秸秆，从不饲喂无机盐及微量元素等饲料添加剂，饲料粗劣、单一，母羊严重营养不良，产后奶水不足或质量不良，以致羊羔得不到充足的营养补给，导致异嗜。

（2）圈养的饲舍十分拥挤，饲养密度太大，积粪太多，环境卫生很差，异味严重，以致羊群互相舐食现象严重。

（3）圈养羊只秋季药浴不彻底，羊只严重脱毛，体内寄生虫亦较严重，成年母羊身体瘦弱，严重营养不良，舐食土块、破布等异物，互相摩擦、啃咬，以致顺口吞下羊毛。

【症状】

发病初期，病羔羊喜吃被粪尿污染的腹股部和尾部的毛，以后变为吃其他羊的毛，羔羊之间往往互相食毛。严重时全身毛被吃光（图6-4-1）。病羊精神沉郁，四肢软弱无力，喜卧，站立时低头磨牙，嘴角有少许泡沫。食欲废绝，呼吸急促，回头顾腹，小便消失，肛门皮毛被稀便污染，最终四肢抽搐而死亡。

图6-4-1　病羊因食毛、脱毛而使体表被毛大片缺失

【病理变化】

心、肺、肾均正常，肝略微肿大，胆囊增大，皱胃内有大小不一毛球（图6-4-2），奶汁滞留，有奶酪状乳状物，肠道有长絮状毛缕，膀胱充盈。

图6-4-2　羊食毛后在消化道形成的毛球

【诊断】

本病很难诊断。病羊发病前，养殖户因疏于管理，且因饲养数量多而不易发现，到诊所就诊时已至晚期，只能凭牧主的口述

及临床经验予以判断。

【防治】

（1）预防

① 改善饲养管理，供给饲料营养要全面。对于羔羊，应供给富含蛋白质、维生素和矿物质的饲料，如青绿饲料、红萝卜、甜菜和麸皮等，每日供给骨粉5～10克和足量的食盐。

② 将吃毛的羔羊与母羊隔开，只在吃奶的时候让其母子相见。

③ 将母羊乳房周围的毛清理干净。

④ 及时清扫圈内羊毛。给羔羊补喂动物性蛋白质，如鸡蛋，有制止羔羊吃毛的作用。

⑤ 加强羔羊卫生，驱除羔羊身上的虱、蜱等寄生虫，避免羔羊啃食叮咬处。

（2）治疗　可行真胃切开术取出毛球，但因手术费与羔羊的价值不符往往不为牧主所接受。

五、疯草中毒

棘豆属和黄芪（紫云英）（图6-5-1、图6-5-2）属植物都可引起以神经症状为主的慢性中毒，这类植物统称为疯草，所引起的中毒病称疯草中毒或者疯草病。疯草是危害我国草原养羊业最严重的一类毒草，造成了巨大的经济损失。

图6-5-1　黄花棘豆

图6-5-2　茎直黄芪

【病因】

疯草适口性不佳，在牧草充足时，羊并不主动采食，只有在可食牧草耗尽时才被迫采食。因此，常于每年秋末到春初发生中毒，干旱年份有暴发的倾向。大量采食疯草，羊可在10余天内发生中毒，少量连续采食需1月到数月才能表现临床症状。

【症状】

病初精神沉郁，反应迟钝，站立时后肢弯曲（图6-5-3）；中期头部呈水平震颤，颈部僵硬，行走时后躯摇摆，追赶时易摔倒；后期四肢麻痹（图6-5-4），或卧地不起（图6-5-5），心律不齐，最终衰竭死亡。妊娠绵羊和山羊易发生流产，或产出畸形胎儿（图6-5-6）。公羊表现性欲降低，或无性交能力。疯草中毒的初期，若停食疯草，改食优良牧草，中毒症状逐渐消失，2周左右可恢复正常。

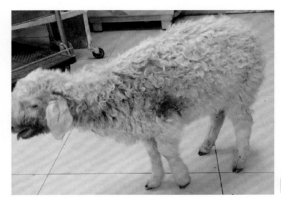

图6-5-3　站立时后肢弯曲

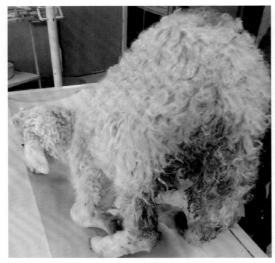

图6-5-4　病羊四肢麻痹

图6-5-5　病羊卧地不起

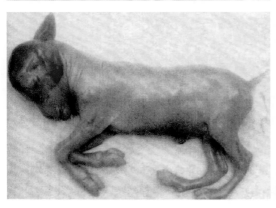

图6-5-6　产出畸形胎儿

【病理变化】

尸体极度消瘦，血液稀薄，腹腔有少量清亮液体，有些病例心脏扩张，心肌柔软。

【诊断】

疯草中毒可根据采食疯草的病史，结合运动障碍为特征的神经症状，不难做出诊断。

【防治】

（1）预防

① 禁止羊只在疯草特别多的草场上放牧。

② 用除草剂杀灭疯草。

③ 在有疯草的草场放牧 10～15 天，再在无疯草或疯草很少的草场上放牧 10～15 天或更长一点时间，然后又在有疯草的草场放牧。如此反复，可以避免中毒。

（2）治疗　对轻度中毒的病羊，及时转移到无疯草的安全牧场放牧，适当补饲，一般可不药而愈。严重中毒的羊，目前尚无有效治疗方法。

六、有毒萱草根中毒

本病是由于羊采食了萱草属植物的根而引起的中毒。临床上以双目失明、瞳孔散大，进而全身瘫痪和膀胱麻痹、积尿为特征，有瞎眼病之称。

【病因】

萱草根又名黄花菜根、金针菜根（图6-6-1），萱草根中毒是由于羊群采食了萱草根而引起的中毒病。该病多发于 2～3 月份正值萱草移植和更新期，刨出地面的萱草根，大多抛弃野外，由于属枯饲期，放牧羊一旦遇到新鲜的草根争相采食后，造成大批羊中毒死亡。

【症状】

病羊症状出现的快慢和严重程度，视羊吃入量而定。病羊初期精神委顿，食欲降低或废绝，呆滞迟步，尿为橙红色。继而口

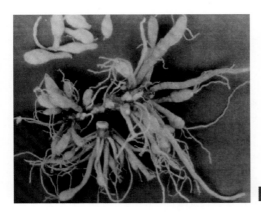

图6-6-1 小黄花菜根的形态

角流涎，瞳孔逐渐散大，双目相继或同时失明（图6-6-2），病羊惊恐、哀叫，无目的乱走或抵靠障碍物，倒地后四肢不停划动，似游泳状（图6-6-3）。后期牙关紧闭，咀嚼困难，有时磨牙，呼吸困难，心跳加快，一般经2～4天后死亡。中毒较轻的可以康复，但双目失明、瞳孔散大则不能恢复。扫二维码观看有毒萱草根中毒表现。

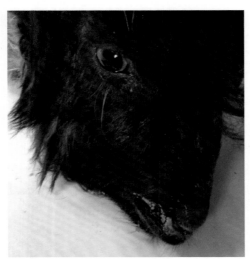

扫一扫观看羊有毒萱草根中毒表现（倒地后四肢不停划动，似游泳状）

图6-6-2 中毒羊瞳孔散大，失明

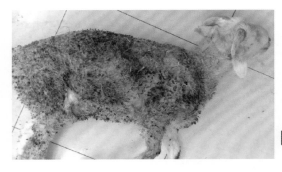

图6-6-3 中毒羊倒地后四肢不停划动

【病理变化】

急性中毒羊，心内、外膜有出血斑点；肾脏色黄，质软；膀胱积尿，黏膜充血并散在出血点；脑、脊髓膜血管扩张，有出血点，脊髓液增多；视神经肿胀松软或变细。

【防治】

（1）预防　枯草季节禁止羊到有黄花菜的草场放牧，妥善保管废弃或移栽的黄花菜。

（2）治疗　羊发病后应停止放牧，早期可投服盐类泻剂，给予优质干草、饲料，加强护理，并应用抗生素防止继发感染。同时静脉注射葡萄糖生理盐水有助于本病的恢复。

七、有机磷中毒

羊有机磷中毒是由于羊接触，吸入或采食了有机磷制剂引起的一种中毒性病理过程，以体内胆碱酯酶活性受到抑制，导致神经生理机能紊乱为特征。

【症状】

病羊流涎，流泪，咬牙，瞳孔收缩，眼球颤动，拉稀，无食欲，反刍停止，全身发抖，步态不稳，卧倒在地，全身麻痹，呼吸困难，有的窒息死亡。病羊心跳、呼吸增数，体温正常。

【病理变化】

胃黏膜充血、出血、肿胀（图6-7-1、图6-7-2），黏膜易脱落，肺充血肿大，气管内有白色泡沫，肝脾肿大，肾脏混浊肿胀，包膜不易剥落。

图6-7-1 瓣胃黏膜充血、出血

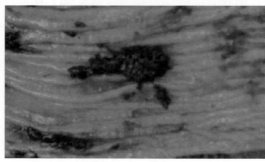

图6-7-2 皱胃黏膜充血、出血

【治疗】

（1）阿托品皮下注射，剂量每只2～4毫克，病情严重者可加大剂量2～3倍，第一次注射后隔2小时再注射一次，直到症状减轻为止。

（2）10%葡萄糖注射液500毫升，碘解磷啶注射液15毫克/千克，静脉滴注；2小时后再静脉推注一次，剂量同上。

（3）注意事项

① 有机磷中毒后应尽早采用药物治疗。阿托品皮下注射配合胆碱酯酶复能剂（碘解磷啶、氯磷啶或双复磷注射液）的同时，结合其他对症疗法。

② 对兴奋不安、出汗严重的静脉滴注镇静剂，不可使用氯丙嗪。

③ 对超过36小时中毒者，复能剂已不能发挥治疗作用，除使用阿托品治疗，还给病羊输血100～200毫升，有良好作用。

④ 中毒症状缓解之后，不要过早停止阿托品的使用，以免残毒再吸收而引起复发，最低限度维持量不能少于72小时。

⑤ 在治疗有机磷中毒的过程中，切忌静脉补碱，因为解磷啶在碱性环境中水解成毒性极强的氰化物。

八、尿素中毒

反刍动物瘤胃内的微生物可将尿素或铵盐中的非蛋白氮转化为蛋白质。人们利用尿素或铵盐加入日粮中以补充蛋白质来饲喂羊，用于畜牧生产，但补饲不当或过量即可发生中毒。

【病因】

（1）超量使用尿素和铵盐（亚硫酸铵、硫酸铵、磷酸氢二铵）等饲用蛋白质代替物。

（2）由于误食含氮化学肥料（尿素、硝酸铵、硫酸铵）而引起中毒。

【症状】

发病羊大约1小时后出现中毒症状，表现为精神沉郁，呆滞，来回走动，不安，呻吟，反刍停止，腹胀，肌肉发抖，走路来回摇摆，不停地出现强直性痉挛，呼吸困难，脉搏增数，大量出汗，口吐白沫。羊的鼻孔内流出红褐色液体，眼球下陷，眼结膜发绀，阴道黏膜发绀，有白色胶样物，皮下淤血。2小时后病羊倒地，四肢出现游泳样运动，3小时左右死亡。

【病理变化】

腹腔内有强烈的腐败气味。瘤胃饱满，浆膜呈暗褐色，切开后有刺鼻的氨味，黏膜脱落，底部出血（图6-8-1）。肠黏膜脱落出血，尤其是小肠前段的出血和溃疡严重。肝脏肿大，含血量多，质地变脆，胆囊扩张，充满胆汁（图6-8-2）。肾脏肿大，有大量的尿酸盐沉积。肺脏淤血，支气管内有粉红色泡沫状分泌物。心外膜有鲜红色弥漫性出血点。

图6-8-1　瘤胃黏膜脱落、出血

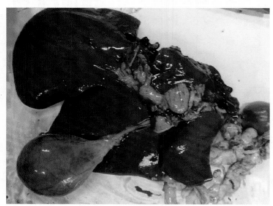

图6-8-2　肝脏肿大，胆囊
充满胆汁

【诊断】

根据采食尿素的病史，中毒的临床症状以及病理剖检变化，可做出确诊。

【防治】

（1）预防

1）防止羊只误食含氮化学肥料。

2）在饲用各种含氮补饲物时，应遵守以下原则。

① 必须将补饲物同饲料充分混合均匀。

② 必须使羊只有一个逐渐习惯于采食补饲物的过程，因此在开始时应少喂，于10～15天内达到标准规定量。如果饲喂过程中

断，在下次补喂时，仍应使羊只有一个逐渐适应过程。

③ 不能单纯喂给含氮补饲物，也不能混于饮水中给予。

（2）治疗

1）在中毒初期，为了控制尿素继续分解，中和瘤胃中所生成的氨，应该灌服0.5%的食醋200～300毫升，或者灌给同样浓度的稀盐酸或乳酸；若有酸羊奶时，可灌服酸奶500～750毫升或给羊灌服1%醋酸200毫升，糖100～200克加水300毫升，可获得良好效果。

2）臌气严重时，可施行瘤胃穿刺术。

3）对于铵盐中毒者，还可内服油类，混合大量清水灌服。如吞咽困难，可插入胃管投服。

4）对症治疗，用苯巴比妥以抑制痉挛，静脉注射硫代硫酸钠以利解毒。

九、硒中毒

硒中毒是动物采食大量含硒牧草、饲料或补硒过多而引起动物的精神沉郁、呼吸困难、步态蹒跚、脱毛、脱蹄壳等综合症状的一种疾病。急性中毒（又名瞎撞病）以出现神经系统症状为特征；慢性中毒（又名碱病）则以消瘦、跛行、脱毛为特征。

【病因】

土壤含硒量高，导致生长的粮食或牧草含硒量高，动物采食后引起中毒。硒制剂用量不当，如治疗白肌病时亚硒酸钠用量过大，或动物饲料添加剂中含硒量过多或混合不均匀等都能引起硒中毒。此外，用工业污染的含硒废水灌溉，使作物、牧草被动蓄硒而导致硒中毒。

【症状】

（1）急性中毒时，羊表现不安，后则精神沉郁，头低耳聋，卧地时回头观腹（图6-9-1），呼吸困难，运动障碍，可视黏膜发绀，心跳快而弱，往往因虚脱、窒息而死。中毒羊死前高声鸣叫，鼻孔流出白色泡沫状液体（图6-9-2）。

图6-9-1　病羊精神沉郁，
回头观腹

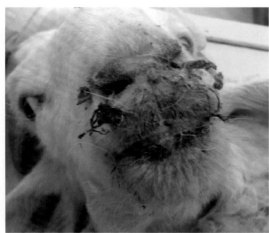

图6-9-2　病羊鼻孔流出
泡沫

　　（2）慢性中毒时，动物表现为消化不良，逐渐消瘦，贫血，反应迟钝，缺乏活力。此外，慢性硒中毒还可影响胚胎发育，造成胎儿畸形及新生仔畜死亡率升高。

　　【病理变化】

　　急性中毒动物表现为全身出血，肺充血、水肿，腹水增多，肝、肾变性。急性硒中毒羊的气管内充满大量白色泡沫状液体

（图6-9-3）。亚急性及慢性中毒时，肝脏萎缩、坏死或硬化，脾肿大并有局灶性出血，脑水肿、软化等。

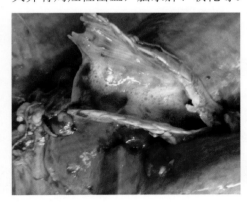

图6-9-3　气管充满白色泡沫状液体

【诊断】

喂了富含硒的饲料或添加剂，或注射超过安全量的硒而发病。结合临床症状做出诊断。

【防治】

（1）预防　在富硒地区或不明土壤含硒量的地区，应检查土壤和植物的含硒量。如含硒高，应换地放牧或引入低硒区的饲料，以免引起硒中毒。被富硒煤矿或其他治炼含硒矿产的厂矿排放的废气、废水所污染的水和饲料，不能供羊饮用和食用。建设羊圈应远离这些厂矿，以免发病。若已发病，应立即停用原来的饮水和饲料。

（2）治疗　急性硒中毒无特效疗法，慢性硒中毒可用砷制剂治疗。

① 在饲料或饮水中加0.1%对氨苯胂酸或饲料中加5毫克/千克的亚砷酸钠或砷酸钠（饮水加5～25毫克/千克），可预防和治疗本病。

② 给予高蛋白（鸡蛋白、煮黄豆浆、亚麻籽油），可降低硒的毒性。

③ 日粮中加入50～100毫克/千克对氨苯胂酸，可促进硒从

胆汁排出。

④ 在治疗过程中，不要用维生素C，因其能减少硒的排泄。

⑤ 用10%～ –20%的硫代硫酸钠以0.5毫升/千克静注，有助于减轻刺激症状。

十、铜中毒

本病是由于给羊长期摄入过多铜盐而引起中毒的疾病。急性者以呕吐、流涎、剧烈腹痛腹泻为特征。慢性中毒则以瘤胃迟缓、粪少呈黑褐色、黏膜黄疸为特征。

【病因】

在使用过含铜喷雾或土壤含铜量高的牧场放牧，饲料中添加铜盐过多（如用猪料喂羊），误食杀虫或杀灭蜗牛的铜制剂，均可引发本病。

【症状】

本病分为急性和慢性。急性中毒主要表现呕吐，流涎，剧烈腹痛、腹泻，心动过速，惊厥，麻痹和虚脱，最后死亡。粪便中含有黏液，呈深绿色。慢性病例则表现精神沉郁，厌食，黏膜黄疸（图6-10-1），尿中含有血红蛋白，粪便变黑。

【病理变化】

尸体剖检可见肝脏黄染（图6-10-2），肾脏呈暗黑色（图6-10-3）。

图6-10-1 黏膜黄疸

图6-10-2　肝脏黄染

图6-10-3　肾脏呈暗黑色

【诊断】

根据临床症状。进行胃内容物和粪便分析有助于本病的诊断，取胃内容物和粪便加入氨水，若由绿变蓝，则为阳性。

【防治】

（1）预防　防止用硫酸铜喷雾污染草料，药用硫酸铜制剂要严格掌握用量，以及使用补加铜饲料添加剂时，必须混合均匀，控制喂量。

（2）治疗　治疗原则是消除致病因素，加速毒物的排出及解毒疗法。首先应把病羊置于安全处所，更换饲料，加强护理。促进铜盐的排出，可用0.1%亚铁氰化钾溶液洗胃，也可灌服羊奶、蛋清、豆浆或活性炭等肠黏膜保护剂，以减少铜盐的吸收。排出已吸收的铜盐，可应用乙二胺四乙酸二钠钙或二巯基丁二酸钠。

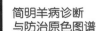
慢性中毒者，每天在日粮中可给予钼酸铵50～500毫克、硫酸钠0.3～1克。

十一、碘缺乏病

碘缺乏时的主要特征是甲状腺发生非炎症性增大，故又称甲状腺肿。

【病因】

（1）原发性碘缺乏　主要是羊摄入碘不足。羊体内的碘来源于饲料和饮水，而饲料和饮水中碘与土壤密切相关。土壤缺碘地区主要分布于内陆高原、山区和半山区，尤其是降雨量大的沙土地带。许多地区饲料中如不补充碘，可产生碘缺乏症。

（2）继发性碘缺乏　有些饲料中含碘拮抗物质，可干扰碘的吸收和利用，如芜菁、油菜、油菜籽饼、亚麻籽饼、扁豆、豌豆、黄豆粉等含拮抗碘的硫氰酸盐、异硫氰酸盐以及氰苷等。这些饲料如果长期喂量过大，可产生碘缺乏症。

【流行特点】

本病常发生在碘缺乏地区，羔羊发病率远高于成年羊。

【症状】

怀孕母羊患病时，常产出死胎、弱胎或畸胎。所生患有甲状腺肿病羔，体弱多病很难存活，多因肺炎或腹泻而死亡。怀孕母羊的甲状腺肿如由长期饲喂大量致甲状腺肿物质所致，其临床表现虽无异常，但肿大的甲状腺可触摸到，所产羔羊软弱无力（图6-11-1），不能站立，低头偏向一侧，不能吮乳；颈下可见鸡蛋至拳头大一肿块；呼吸极度困难；头颈皮肤、眼眶、眼睑、四肢水肿，关节弯曲；于出生后数小时至24小时死亡。

【诊断】

临床上甲状腺肿大易于诊断。无甲状腺肿时，如果血液碘含量低于24微克/升、羊乳中碘低于80微克/升可诊断为碘缺乏。

【防治】

（1）预防　在碘缺乏区内，坚持对怀孕和泌乳期母羊以及羔

图6-11-1　羔羊碘缺乏

羊补碘。补碘的方法很多，如饮水中每羊每天加入50微克碘化钾或碘化钠；舍饲羊的饲料中加入含碘添加剂或在食盐中加碘化钾或碘化钠1毫克/千克，让绵羊自由采食。怀孕期和泌乳期母羊，禁止饲喂含致甲状腺肿物质和硫脲类物质的饲料或植物。

（2）治疗　一旦发现羊群中有甲状腺肿病羊，立即用碘化钾或碘化钠治疗，每羊每天5～10毫克混于饲料中饲喂，或在饮水中每天加入5%碘酊或10%复方碘液5～10滴，20天为1疗程，停药2～3个月，再饲喂20天，即可达到治疗效果。

十二、铜缺乏病

铜缺乏症是动物体内铜含量不足所致的一种重要营养代谢性疾病，其特征是贫血、腹泻、运动失调和被毛褪色。

【病因】

（1）原发性　日粮缺铜引起动物机体缺铜，主要是由于采食生长在低铜土壤上的饲草或土壤中铜的可利用性低所致。一般认为，饲料中铜低于3微克/克即可引起发病，3～5微克/克为临界值，10微克/克以上能满足动物的需要。

（2）继发性　动物对铜的摄入量是足够的，但机体对铜的利用发生障碍。

① 钼与铜具有拮抗性。当饲草、饲料中钼含量过多时，可妨碍铜的吸收和利用，牧草含钼低于3微克/克对铜并无影响；但当

饲料中钼含量达3～10微克/克即可引起铜的不足而出现临床症状。通常认为铜:钼应高于2:1。

②饲料中锌、镉、铁、铅和硫酸盐等过多,影响铜的吸收,造成机体铜缺乏。

③饲草中植酸盐含量过高,可与铜形成稳定的复合物,降低动物对铜的吸收。

④反刍兽饲料中的蛋氨酸、胱氨酸、硫酸钠、硫酸铵等含硫物质过多,经瘤胃微生物的作用均可转化为硫化物。后者与钼共同形成一种难溶解的铜硫钼酸盐复合物,降低铜的利用。

【流行特点】

本病呈地方流行或大群发生。原发性铜缺乏主要发生在幼龄动物,绵羊和山羊最为易感。

【症状】

运动障碍是羔羊铜缺乏的主要症状,故又称为摆腰病或地方性共济失调。主要危害1～2月龄的羔羊。早期症状为两后肢呈八字形站立(图6-12-1),驱赶时后肢运动失调,跗关节屈曲困难,球节着地,后躯摇摆,极易摔倒,快跑或转弯时更加明显,呼吸和心率随运动而显著增加。严重者做转圈运动,或呈犬坐姿势,后肢麻痹,卧地不起,最后死于营养不良。羔羊随年龄增长,其后躯麻痹症状可逐渐减轻。

图6-12-1　羔羊呈八字形站立

铜缺乏时被毛的变化很明显，被毛稀疏，粗糙，缺乏光泽，弹性降低，颜色变浅（图6-12-2）。羊毛的这些变化是最早的症状，在亚临床铜缺乏是唯一的症状。贫血是动物长期缺铜的常见症状，发生于铜缺乏的后期。羔羊主要表现低色素小红细胞性贫血，而成年羊则呈巨红细胞性低色素性贫血。腹泻是继发性铜缺乏的常见症状，粪便呈黄绿色或黑色水样。

图6-12-2　羊被毛稀疏，缺乏光泽

【病理变化】

铜缺乏的特征病变是贫血和消瘦。肝脏、脾脏和肾脏有大量含铁血黄素沉着。

【防治】

（1）预防

① 日粮中添加硫酸铜，最低铜水平为羊5微克/克。

② 在妊娠中后期口服硫酸铜，羊1～1.5克，每周一次，能预防幼畜铜缺乏症，也可在幼畜出生后口服铜制剂。

③ 经口投服含硒、铜、钴等微量元素的长效缓释丸。

④ 在饮水中添加硫酸铜，让动物自由饮用。

⑤ 给低铜草地施用含铜肥料，能显著提高牧草中铜的含量。

（2）治疗　2～6月龄羊口服硫酸铜1～2克，每周1次，连用3～5周。在日粮中添加铜，使硫酸铜的水平达25～30微克/克，连喂2周效果显著。也可将矿物质添加剂舔砖中硫酸铜的水平提高

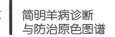
至3%～5%，让其自由舔食，或按1%剂量加入日粮饲喂动物。

十三、氟中毒

氟中毒是羊采食高氟的饲料、饮水或氧化物药剂后引起的中毒牲疾病。前者多引起慢性（蓄积性）中毒，通常称为氟病，以牙齿出现氟斑，过度磨损、骨质疏松或形成骨疣为特征。后者主要引起急性中毒，以出血性胃肠炎和神经症状为特征。

【病因】

慢性氟中毒是羊长时间食入含氟量高的饲料和饮水，而引起中毒。

急性氟中毒是由于羊食含氟的农药污染过的牧草和饮水，或食入聚氟的茶树、山茶等植物的叶和枝条，可引起大量中毒。

【症状】

病羊因采食量不同，所表现临床症状的严重程度也不同，摄取量大常呈急性经过，表现急性氟中毒症状。摄取量少呈慢性经过，表现慢性中毒症状。

急性中毒表现不反刍、尖叫、颤抖、呼吸促迫、角弓反张（图6-13-1）。慢性氟中毒病的病羊骨质变形，牙齿形成氟斑，磨灭过度或不整（图6-13-2），跛行，四肢运动障碍。

【病理变化】

急性死亡羊只胃肠腐蚀严重，呈出血性胃肠炎病变，心脏扩张，心肌变性，心内外膜有出血斑点，脑软膜充血、出血，肝、

图6-13-1　急性氟中毒，
角弓反张

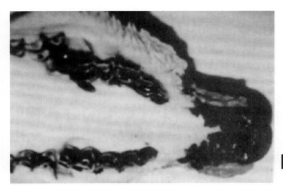

图6-13-2　氟斑牙，牙齿呈黑色

肾淤血、肿大，而且尸僵迅速。慢性死亡的羊只除牙齿的特殊变化外，以头骨、肋骨、桡骨、腕骨和掌骨变化显著。

【防治】

（1）预防

① 在含氟量高的地区，水中含氟量也高，要打深机井，找到含氟量低的水层供饮用水。

② 含氟量高的地区可与外地调剂饲料，互相交换，以避免本病发生。

③ 平时要在饲料中增加钙、磷，用骨粉效果较好，能提高羊对氟的耐受性。

（2）治疗　中毒较深的，及时使用解氟灵（50%乙酰胺），剂量为每天0.1～0.3克/千克，以0.5%普鲁卡因液释，分2～4次肌内注射，首次注射为日量的1/2，连续用药3～7天。若没有解氟灵，也可用乙二醇乙酸脂（醋精）100毫升，溶于500毫升水中饮服或灌服；用5%酒精和5%醋酸各2毫升/千克内服；或用高锰酸钾洗胃，然后灌服鸡蛋清。进行强心补液、镇静、兴奋呼吸中枢等对症治疗，由于病畜心脏受损，静脉注射时必须十分缓慢。

慢性中毒治疗较困难，首先要停止摄入高氟牧草或饮水，移至安全牧区放牧是最经济有效的办法，并给予富含维生素（主要是维生素A、维生素D、维生素C）的饲料及矿物质添加剂。修整牙齿。对跛行病畜，可静脉注射葡萄糖酸钙。

参考文献

[1] 丁伯良. 羊病诊断与防治图谱. 北京：中国农业出版社，2004.

[2] 马玉忠. 简明羊病诊断与防治原色图谱. 北京：化学工业出版社，2009. 2.

[3] 陈怀涛. 羊病诊断与防治原色图谱（第二版）. 北京：金盾出版社，2012.

[4] 马玉忠. 羊病诊治原色图谱. 北京：化学工业出版社，2013.

[5] 马玉忠. 牛羊常见病诊治彩色图谱. 北京：化学工业出版社，2014.

[6] 陈怀涛. 病诊疗原色图谱（第二版）. 北京：中国农业出版社，2015.

[7] 马玉忠. 肉羊防疫保健手册. 北京：金盾出版社，2016.

[8] 马玉忠. 羊病防治新技术宝典. 北京：化学工业出版社，2017.